빵슐랭가이드

❙ 일러두기 ❙

빵의 명칭 등은 국립국어원 표준국어대사전에 기준하여 표기하였으나
가게 이름, 메뉴명 등의 고유명사는 예외로 하였다.

★★★ 1년 52주 빵지순례 ★★★

빵슐랭가이드

박현영 지음

BOOKERS

시작하며

저의 빵BTI는 'ESFP'입니다

대학교 3학년, 인생 첫 다이어트를 하며 14킬로그램을 감량했던 때가 있었습니다. 난생 처음으로 식단 조절을 하면서 늘 풍족하게 먹던 탄수화물을 덜 먹기 시작하니 '빵'이 너무 좋아지더라고요. 10대 때는 이 정도로 좋아하진 않았던 것 같은데, 빵을 먹고 싶다는 욕망이 계속 커지기 시작하면서 '치팅데이'는 오로지 빵으로만 채웠어요. 이후 빵을 먹기 위해 운동하는 습관을 가지게 되었습니다. 요요 현상을 겪고, 찐 살을 다시 빼던 때에도 빵은 꾸준히 좋아했어요.

직장인이 된 후 '빵덕후'끼리 모이는 빵 동호회를 나가게 되면서 빵을 좋아하는 사람들 대부분이 나와 비슷하다는 것을 알게 되었습니다. 다들 다이어트를 하면서 빵이 좋아졌다고 하더라고요. 빵을 먹기 위해 운동을 열심히 한다는 공통점도 발견할 수 있었지요.

그때부터 이런 생각이 들었습니다. '빵이 다이어트의 최대 적이라는데, 정말 그럴까? 체중을 유지하기 위해선 빵을 먹으면 안 될까?' 그리고 자연스럽게 건강한 빵집, 글루텐프리 빵집, 쌀빵집 등을 찾아보기 시작했습니다. 그때가 아마 2018~2019년 즈음이었을 거예요. 요즘처럼 많지는 않았지만, 건강한 재료만 쓰는 빵집은 물론 비건 빵집이나 쌀빵 전문점 등이 조금씩 생길 때였습니다.

하지만 정보를 찾기란 쉽지 않았어요. 특히 '건강

빵집'에 관한 정보들을 한 번에 볼 수 있는 통로는 없었습니다. 빵집 인스타그램을 확인하거나 사장님께 직접 여쭤보면서 저만의 '건강 빵집' 리스트들을 짜기 시작하며 정보를 공유하면 좋겠다는 생각이 들었어요.

직접 먹어본 맛있는 빵집만 소개하는, 더불어 건강 빵집까지 알려주는 '빵집 큐레이팅 서비스'가 필요하겠다는 생각을 했고, 그렇게 메일링 서비스로 뉴스레터 '빵슐랭 가이드'를 시작하게 되었습니다. 2020년 2월 첫 빵슐랭 가이드를 발송한 이후 만 4년 동안 500여 곳이 넘는빵집과 1,000여 종의 빵을 소개했습니다.

현재는 '빵슐랭 가이드'라는 이름으로 상표권도 출원하고 약 1만2,000여 명의 구독자님들과 매일 빵집 정보를 공유하고 있어요. 그동안 다녀온 빵집을 보면 제가 좋아하는 빵 취향이 보이더라고요(참고로 저의 빵BTI는 'ESFP'인데요. 바게트, 소금빵, 프렌치토스트, 그리고 팥빵을 좋아해 붙인 것입니다).
이 책을 보는 여러분도 저와 같이 빵 여정을 만들어 나가길 바랍니다.

그럼 '빵지순례' 같이 떠나볼까요?

빵순랭 박현영

빵지순례 MAP

은평구
종로구
서대문구
마포구
하늘공원
망원한강공원
경의선 숲길
양천구
선유도공원
양화한강공원
용산구
여의도한강공원
여의도공원
이촌한강공원
한강
영등포구
동작구
관악구
1
2
3
4
5
6
7
8
9
10
11
12
13
14
15
16
17
18
19
20
21
22
23
25
26
27
28
29
30
31
33
35
36
37

• 이 책에 소개된 빵집 56곳 중 서울 지역 45곳을 표시하였다

지역별 찾아보기

서울

강서구

❶ 사이유지 … 032

영등포구

❷ 베르데 문래 … 134
❸ 브로트아트 … 138

마포구

❹ 395빵집 … 062
❺ 단고당 … 126
❻ 데코아발림 … 190
❼ 두두리두팡 … 052
❽ 디어모먼트 … 100
❾ 따로집 … 178
❿ 리치몬드 과자점(성산본점) … 222
⓫ 모닐이네하우스 … 046
⓬ 비고미 … 046
⓭ 어글리베이커리 … 202
⓮ 얼스어스(연남점) … 130
⓯ 연남다방 … 130
⓰ 이미커피 … 122
⓱ 조앤도슨 … 080
⓲ 코코로카라 … 218
⓳ 피스피스(연남점) … 194

은평구

⓴ 스페이스헬레나 … 092

서대문구

㉑ 그레인서울 … 040
㉒ 뉘블랑쉬 … 024
㉓ 아워온즈 … 214

종로구

㉔ 루시드 … 056
㉕ 레스피레 … 102
㉖ 사월의 물고기 … 058
㉗ 스코프(부암동) … 028
㉘ 스코프(서촌) … 028
㉙ 아티장 크로아상 … 020
㉚ 팔 … 084

중구

㉛ 아방베이커리(을지로DGB점) … 210
㉜ 콘웨이커피 … 182
㉝ 크림시크 … 170

용산구

34 LTP 한남 … 076

35 마블베이크 … 88

36 우스블랑 … 16

37 키에리 … 164

성동구

38 메이플탑 … 074

39 성수 베이킹 스튜디오 … 112

40 앤드밀 … 096

41 포도빵집 … 070

서초구

42 크러스트 베이커리 … 066

강남구

43 레자미오네뜨 … 226

송파구

44 쥬뗑뷔뜨 … 116

45 카페 페퍼 … 186

경기도 고양

46 금손과자점 … 174

경기도 안양

47 우리밀빵꿈터 건강담은 … 198

경기도 분당

48 플링크 … 108

인천 송도

49 서로봄 … 036

포항

50 스쿱당 … 160

부산

51 초량온당 … 156

52 허대빵 … 152

53 희와제과 … 152

제주

54 겹겹의 의도 … 146

55 마마롱 … 142

56 수애기베이커리카페 … 146

• 망넛이네(온라인 전용) … 044

차례

시작하며_ 저의 빵BTI는 'ESFP'입니다 —— **004**

빵지순례 MAP —— **008**

지역별 찾아보기 —— **010**

Week 1 빵슐랭 가이드에서 처음으로 소개했던 곳
우스블랑 **용산구 효창동** —— **016**

Week 2 아무래도 기본빵 **아티장 크로아상** **종로구 계동** —— **020**

TIP 알고 먹으면 맛있는 빵 이야기 | 크루아상 —— **022**

Week 3 작고 귀여운 연희동 빵집
뉘블랑쉬 **서대문구 연희동** —— **024**

Week 4 겉은 바삭, 속은 촉촉 그것이 영국식 스콘
스코프 **종로구 부암동/누하동** —— **028**

TIP 알고 먹으면 맛있는 빵 이야기 | 브라우니 —— **030**

Week 5 남는 게 없을까봐 걱정되는 쌀 토스트집
사이유지 **강서구 등촌동** —— **032**

Week 6 온라인 구매 가능한 최고의 쌀빵집
서로봄 **인천 송도** —— **036**

TIP 알고 먹으면 맛있는 빵 이야기 | 베이글 —— **038**

Week 7 자꾸 하염없이 먹고 싶은 건강한 팬케이크
그레인서울 **마포구 연희동** —— **040**

TIP 알고 먹으면 맛있는 빵 이야기 | 팬케이크 —— **043**

Week 8 칼로리 걱정 없이 쌀빵을 즐겨요
망넛이네 **온라인 전용** —— **044**

Week 9 맛과 건강을 모두 챙기는 글루텐프리 빵집
모닐이네하우스/비고미 **마포구 연남동/망원동** —— **046**

ESSAY 다이어트를 위해 한약을 먹었더니 빵 맛을 잃은 사연 —— **050**

Week 10 완전한 비건 디저트 빵집
두두리두팡 **마포구 망원동** —— **052**

Week 11 비거니스트를 위한 브런치 **루시드** **종로구 운니동** —— **056**

Week 12 쑥 디저트의 품격
사월의 물고기 종로구 관훈동 —— 058
TIP 알고 먹으면 맛있는 빵 이야기 | 까눌레 —— 060

Week 13 든든해지는 한 끼, 독일식 식사빵
395빵집 마포구 서교동 —— 062

Week 14 갓 구운 빵들이 반겨주는 아침
크러스트 베이커리 서초구 서초동 —— 066

Week 15 글루텐프리 식사빵이 가득
포도빵집 성동구 성수동 —— 070

Week 16 봄은 브런치 먹기 좋은 날! **메이플탑** 성동구 성수동 —— 074

Week 17 나를 위한 소중한 한 끼 **LTP 한남** 용산구 한남동 —— 076

Week 18 줄 서서 먹는 프렌치토스트 집이 있다!
조앤도슨 마포구 동교동 —— 080

Week 19 프렌치토스트에 빠지고 싶다면, 이곳부터
팔 종로구 통인동 —— 084

Week 20 64겹 데니시 식빵 샌드위치 **마블베이크** 용산구 용산동 —— 088

Week 21 이 가격에 애프터눈 티세트와 한옥 풍경까지
스페이스헬레나 은평구 진관동 —— 092

Week 22 그릴 샌드위치 or 콜드 샌드위치
앤드밀 성동구 성수동/영등포구 여의도동 —— 096

Week 23 사계절 변하는 풍경을 보며
디어모먼트 마포구 연희동 —— 100

Week 24 365일, 언제나 소금빵 중독 **레스피레** 종로구 효자동 —— 102

ESSAY 최고의 소금빵은 바닥이 딱딱해야 해 —— 106

Week 25 소금빵부터 휘낭시에까지, 모두 맛있는 곳
플링크 경기도 분당 —— 108
TIP 알고 먹으면 맛있는 빵 이야기 | 휘낭시에 —— 110

Week 26 진짜 프랑스 바게트
성수 베이킹 스튜디오 성동구 성수동 —— 112
TIP 알고 먹으면 맛있는 빵 이야기 | 바게트 —— 114

Week 27 포장 해오고 싶은 빵이 가득 **쥬뗌뷔뜨** 송파구 석촌동 —— 116

ESSAY PARIS BAGUETTE는 파리바게트가 아닌 '파리바게뜨'랍니다
feat. 전직 파바 알바생 —— 120

Week 28 여름 복숭아 디저트의 시작과 끝
이미커피 마포구 동교동 —— 122

Week 29 방슐랭픽! 망고 디저트
단고당 마포구 망원동 —— 126

Week 30 연남동 과일 파티로의 초대
얼스어스/연남다방 마포구 연남동/동교동 —— 130

Week 31 돌아온 빵맥의 계절 **베르데 문래** 영등포구 문래동 —— 134

Week 32 한여름에 알려주고 싶은 빵맥 맛집
브로트아트 영등포구 여의도동 —— 138

Week 33 다시 여기 바닷가~ 휴가를 떠난 너에게
마마롱 제주 —— 142

Week 34 여름 제주가 생각날 거야
곁곁의 의도/수애기베이커리카페 제주 —— 146

TIP 알고 먹으면 맛있는 빵 이야기 | 앙버터 —— 149

Week 35 부산 빵지순례의 시작은 이곳에서부터
허대빵/희와제과 부산 —— 152

Week 36 작지만 빵으로 가득찬 세상 **초량온당** 부산 —— 156

Week 37 뚱카롱으로 유튜브를 휩쓸었던 그곳 **스쿱당** 포항 —— 160

TIP 알고 먹으면 맛있는 빵 이야기 | 마카롱 —— 162

Week 38 힘들 때마다 생각나는 소울푸드 빵
키에리 용산구 이태원동 —— 164

ESSAY 빵슐랭 취준 시절을 다독여준 최애 빵집 —— 168

Week 39 파티시에가 매일 만드는 케이크
크림시크 중구 명동 —— 170

Week 40 유기농 프리미엄 케이크 **금손과자점** 경기도 일산 —— 174

Week 41 가을은 밤의 계절이잖아
따로집 마포구 합정동 —— 178

Week 42 보늬밤에 흠뻑빠진 케이크
콘웨이커피 중구 신당동 —— 182

Week 43 글루텐프리, 맘껏 먹어도 됨
카페 페퍼 송파구 송파동 —— 186

Week 44 피스타치오와 딸기의 만남
데코아발림 마포구 상수동 —— 190

TIP 알고 먹으면 맛있는 빵 이야기 | 타르트 —— 192

Week 45 오리지널 미국식 파이가 궁금하다면
피스피스 마포구 동교동 —— 194

Week 46 건강 가득, 일명 건담빵집
우리밀빵꿈터 건강담은 경기도 안양 —— 198

Week 47 추억의 맘모스빵을 기억한다면
어글리베이커리 마포구 망원동 —— 202

TIP 알고 먹으면 맛있는 빵 이야기 | 맘모스빵 —— 205

ESSAY 빵 좋아하는 사람들은 모두 착해 —— 208

Week 48 크리스마스 케이크, 결정 못하셨다고요?
아방베이커리 중구 다동 —— 210

Week 49 함께 나누고픈 달콤한 한 조각
아워온즈 서대문구 연희동 —— 214

Week 50 겨울 제철 음식은 슈톨렌이야
코코로카라 마포구 연남동 —— 218

Week 51 시즌에만 볼 수 있어서 더없이 소중한 빵
리치몬드 과자점 마포구 성산동 —— 222

TIP 알고 먹으면 맛있는 빵 이야기 | 슈톨렌 —— 224

Week 52 행복은 멀리 있지 않아
레자미오네뜨 강남구 논현동 —— 226

TIP 알고 먹으면 맛있는 빵 이야기 | 붕어빵 —— 228

빵슐랭 가이드에서 처음으로 소개했던 곳

우스블랑

address	서울 용산구 효창원로70길4 1,2층
open	08:00~19:00(연중무휴)
check	샌드위치, 샐러드, 스프 등 델리 주문은 09:00부터
instagram	@ours_blanc__
menu	몽블랑, 갈레트, 바게트 샌드위치

대학교 생활을 했던 4년 내내 일주일에 한 번은 이곳을 갔을 정도로 좋아하는 빵집이다. 주변 사람들에게 소개할 땐 항상 '집으면 다 인생빵'인 빵집이라고 소개할 정도이다. 아무 빵이나 집어도 그게 곧 인생빵! 그만큼 맛없는 메뉴가 단 한 개도 없다.

우선 TOP3를 선정해 보면 1위는 몽블랑이고, 2위는 갈레트이다. 이 두 빵은 빵슐랭 개인적으로 불변의 순위이다.

우스블랑의 몽블랑은 페스츄리 안에 있는 아몬드크림과 밤조림, 그 위에 올라가는 밤크림까지 환상적이다. 사진(p.18)은 2등분이지만 4등분해서 '앙'하고 먹어야 한다. 가족과 지인들에게 선물하기도 좋다. 갈레트는 안에 아몬드크림과 견과류가 들어간다. 겉은 정말 바사삭 그 자체라 안에 있는 촉촉한 아몬드크림과 잘 어우러진다. 우스블랑에 간다면 이 두 메뉴는 꼭 먹어보기를 추천한다.

3위는 바게트 샌드위치로 바게트류의 메뉴도 맛있는데 바게트에

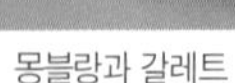

몽블랑과 갈레트

속재료가 가득한 바게트샌드위치

이렇게 채소가 듬뿍듬뿍 들어가 있어서 한 끼 식사용으로도 아주 제격이다. 바게트가 딱딱해서 부담스럽다면 크루아상 샌드위치류나 포카치아류 샌드위치도 있다.

호밀빵, 통밀빵류도 많은데 호밀, 통밀빵류 대부분이 버터와 설탕을 넣지 않는 원칙을 고수하고 있다고 한다. 그만큼 건강하고, 칼로리도 적은 편. 건강을 챙길 때, 다이어트 중이라면 먹을 수 있는 메뉴가 다양하다. 또 하나는 100% 쌀 바게트가 있다는 점이다. 밀가루를 자제하시는 이들에게는 반갑게 느껴질 것이다.

POINT

인생빵의 의미를 경험하고 싶다면
'No 밀가루' 바게트가 궁금하다면

REVIEW

☆ ☆ ☆ ☆ ☆

Q 제일 좋아하는 빵집이 있다면 소개해 주세요.

종로구 · 계동

아무래도 기본빵

아티장 크로아상

address	서울 종로구 계동길 51
open	08:30~19:30(연중무휴)
check	시간대별로 나오는 빵이 다름
instagram	@artisan_croissant
menu	플레인 크루아상, 라우겐 크루아상, 초코 크루아상

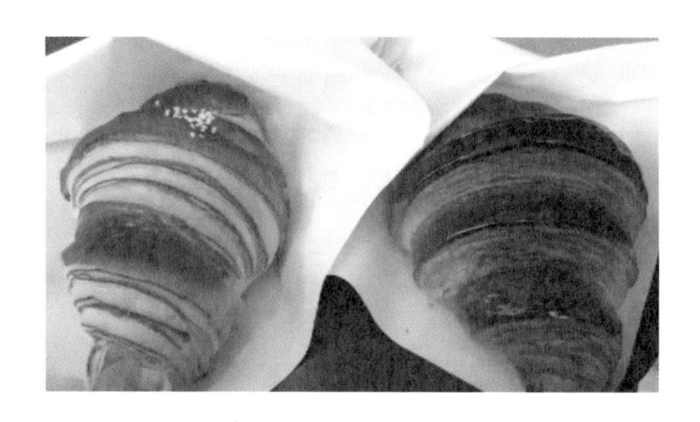

크루아상은 빵 중에 가장 기본 빵이다. 뉴스레터 '빵슐랭 가이드'를 발행하며 어떤 빵을 가장 좋아하는지 설문조사를 했는데 가장 많이 나온 답변은 단연 '크루아상'이다.

크루아상을 선보이는 '아티장 크로아상'은 버터향의 풍미가 깊은 정석 종류를 판매한다. 플레인 라우겐 크루아상, 아몬드 크루아상 등 다양한 크루아상 종류가 있지만 기본 크루아상을 추천한다. 겉은 바삭하고 속은 촉촉하게 결대로 찢겨지는 크루아상을 만날 수 있다.

매장이 협소한 편이라 포장하여 먹는 것을 권한다.

POINT

'정석' 크루아상을 맛보고 싶다면
기본빵, 식사빵을 특히 선호한다면

REVIEW

☆ ☆ ☆ ☆ ☆

TIP

알고 먹으면 맛있는 빵 이야기

크루아상 Croissant

페스츄리의 한 종류인 크루아상은 생김새처럼 프랑스어로 '초승달'이라는 의미이다. 누구나 좋아할 수밖에 없는 맛으로, 프랑스의 왕비였던 마리 앙투아네트가 즐겨먹었다고 한다. 크루아상의 유래에는 여러 일화가 있는데 그중 하나는 17세기 오스만 투르크와 신성로마 제국(지금의 오스트리아)의 전쟁 당시의 이야기이다.

신성로마제국의 한 제빵사가 창고에 갔다가 오스만 투르크 군사들의 작전을 듣고는 신성로마제국의 군사들에게 알려서 오스만 투르크 군사를 몰아낼 수 있었다. 그 공로로 제빵사는 신성로마제국의 왕실로부터 왕실의 훈장을 제과점의 상징으로 사용할 수 있는 특권을 얻게 되었고, 이에 대한 보답으로 제빵사는 오스만 투르크의 반달기를 본 딴 초승달 모양을 빵을 만들었다고 한다.

참 다양한 종류의 크루아상이 등장하고 있다. 초코 크루아상부터 아몬드 크루아상, 생크림 크루아상, 말차 크루아상까지. 최근에는 와플 기계에 크루아상을 눌러 만든 크로플도 인기를 끌고 있다.

Q 나만 알고 싶은 동네 빵집이 있나요? 그곳의 어떤 빵이 가장 맛있나요?

서대문구 · 연희동

작고 귀여운 연희동 빵집

뉘블랑쉬

address	서울 서대문구 연희로15길52
open	08:30~19:00(연중무휴)
check	장소 협소, 주차 가능
instagram	@nuitblanchebakery
menu	브리오슈, 크루아상, 사워도우, 포카치아

'뉘블랑쉬'는 바게트, 포카치아, 사워도우 등 식사빵류부터 브리오슈, 퀸아망 같은 디저트 빵까지 다양한 종류가 있는 빵집이다. 장소는 넓지 않지만 햇살이 잔뜩 들어와서, 창가에 앉으면 따스한 햇살 아래 빵을 먹는 행복을 누릴 수 있다.

식사빵 중에 큰 사워도우나 바게트를 혼자 먹을 자신이 없다면 작은 사이즈의 '미니 치즈 바게트'를 먹으면 된다. 치즈빵을 좋아한다면 이 미니 바게트는 가뭄의 단비처럼 느껴질 것이다. 빵 속 깊이 중간에 저렇게 치즈가 박혀있는 바게트는 정말 오랜만에 먹은 것 같다고 느낄 정도로 알알이 깊게 박혀있다. 게다가 바게트 겉면은 치즈를 발라 구워서 치즈 풍미도 깊게 느낄 수 있다. 바게트 자체도 지나치게 질기지 않고, 중간에 구멍이 송송 뚫려있는 소프트 바게트 스타일이라 부드럽게 먹을 수 있었다. 단, 먹을 때 혓바닥은 조심할 것!

치즈 바게트 단면

바닐라 브리오슈를 절반으로 가른 모습

바닐라 브리오슈는 이곳 바게트보다 더 강추하는 메뉴다. 공기처럼 가벼운 식감에, 결대로 찢어지는 브리오슈를 찾기란 쉽지 않은데 뉘 블랑쉬에서는 만날 수 있다. 공기가 들어있는 듯한 식감에 결대로 찢어지는 브리오슈, 그리고 그 안에 바닐라빈이 보이는 바닐라 크림이 가득 차 있다. 자세히 보면 검은 바닐라빈을 발견할 수 있다. 바닐라빈이 뚜렷하게 보이는 바닐라 크림은 맛이 깊다. 크림만 맛있어도 성공한 빵인데, 브리오슈 그 자체도 맛있어서 기분 좋게 먹을 수 있다. 뉘 블랑쉬에 방문한다면 꼭 이 브리오슈를 먹기를 바란다.

POINT

프랑스의 대표적인 빵을 즐기고 싶다면

REVIEW

☆ ☆ ☆ ☆ ☆

Q 프랑스 빵 중 좋아하는 빵이 있나요?

종로구·부암동/누하동

겉은 바삭, 속은 촉촉 그것이 영국식 스콘

스코프

부암동 스코프

address	서울 종로구 창의문로 149 1층
open	10:00~20:00(토, 일요일 9:00~20:00, 연중무휴)

서촌 스코프

address	서울 종로구 필운대로5가길 31 1층
open	08:30~20:00(연중무휴)
check	매장 내 취식 가능
instagram	@scoffbakehouse
menu	스콘, 브라우니

연애 프로그램 〈하트시그널 3〉가 한창 방영되던 2020년. 데이트 장소로 스코프가 나왔다. '큰일났다. 더 유명해지면 안되는데'라는 마음이 들었던 건 이미 방송 전에도 웨이팅이 있을 정도로 유명한 서울 스콘 맛집이었기 때문이다.

'스코프'에는 여러 영국식 플레인 스콘있다. 겉바속촉 스콘 식감은 기본적으로 갖추고 있다. 그중에서도 얼그레이 스콘을 추천하는데 스콘 사이사이에 홍차 가루가 박힌 게 눈에 보일 정도이고, 그만큼 얼그레이 맛이 진하게 잘 느껴지기 때문이다.

스코프의 또 다른 시그니처 메뉴는 브라우니로 먹어본 브라우니 중에서 가장 진한 편에 속하고, 오리지널부터 헤이즐넛 브라우니, 크림치즈 브라우니까지 종류가 다양하다. 단맛이 강한 편이라 당 충전이 필요한 날 먹길 권한다.

POINT

정통 영국식 빵이 궁금하다면
다양한 스콘을 맛보고 싶다면

REVIEW

☆ ☆ ☆ ☆ ☆

TIP

알고 먹으면 맛있는 빵 이야기

브라우니 Brownie

쫀득하다 못해 꾸덕한 식감과 초콜릿의 달콤함이 만났다. 납작한 초콜릿 케이크 브라우니의 탄생지는 미국이다. 그 유래와 관련해서는 여러가지가 있있다. 그중 대표적인 것이 한 가정주부가 초콜릿 케이크를 만들던 중 베이킹 파우더를 넣는 것을 실수로 깜빡 잊어버린 채 케이크가 만들어졌고, 부풀어 오르지 않고 떡처럼 꾸덕한 형태가 되었는데 이것이 브라우니가 되었다는 이야기이다. 그 모양이 짙은 초콜릿 빛의 갈색을 띠고 있어 브라우니라고 불리게 되었다고 한다. 다른 일화로는 한 제빵사가 실수로 초콜릿을 케이크 반죽이 아닌 비스킷 반죽에 넣었다가 탄생했다는 설도 있다.

브라우니와 함께 먹으면 맛있는 조합 몇 가지 있다. 우선, 달달한 브라우니의 맛을 잡아줄 씁쓸한 맛의 아메리카노가 있다. 아메리카노의 쓴맛이 브라우니의 달콤함을 한층 더 살려준다. 또 다른 조합은 브라우니에 바닐라 아이스크림을 곁들여 먹는 것이다. 브라우니의 꾸덕한 식감과 아이스크림의 부드러움이 또 하나의 환상적인 조합을 이뤄낸다. 브라우니로 잘 알려진 곳은 스코프 이외 '빵어니스타'도 있다.

Q 여행지에서 가본 빵집 중 가장 기억에 남는 곳은 어디인가요? 특히 기억에 남는 이유가 무엇인가요?

강서구+등촌동

남는 게 없을까봐 걱정되는 쌀 토스트집

사이유지

address	서울 강서구 공항대로53가길 48 1층
open	11:00~21:00 (월요일 정기휴무)
check	글루텐프리, 비건 메뉴, 무료 주차 가능
instagram	@42uz.cafe
menu	쌀 토스트

한동안 인터넷에서 유명했던 일명 '전 남친 토스트'를 무려 쌀 토스트로 판매한다? 비건 카페 '사이유지'는 빵순이 입장에서 남는 게 없을까 봐 걱정될 정도로 재료를 아끼지 않는다. 증미역 근처에 위치한 곳인데, 방문하면 귀여운 강아지가 맞아준다.

세상 쫄깃한 쌀 식빵 위에 달달한 블루베리잼, 그리고 마스카포네 치즈가 듬뿍 올라간 '블루베리 토스트'를 추천하고 싶다. 사이유지의 쌀 식빵 자체가 엄청 쫄깃하고 맛있어서 토스트만으로도 좋지만, 듬뿍 올라간 마스카포네 치즈는 싹싹 긁어 먹을 정도로 최고의 맛이며, 블루베리잼과의 조합 역시 환상이다. 블루베리가 많이 들어있는 잼이라 씹는 재미까지 있다.

사이유지에는 블루베리 토스트 외에도 시즌별로 애플시나몬 토스트, 살구&건무화과 토스트 등 다양한 쌀 토스트를 맛볼 수 있다.

빵슐랭

POINT

빵 중에 식빵을 특히 좋아한다면
수제 바닐라빈 커피를 맛보고 싶다면

REVIEW

☆☆☆☆☆

빵지순례 투어일
20 . .

달달한 빵

VS

담백한 빵

Q **다이어트할 때 빵을 참아본 적 있나요? 정말 먹고 싶을 땐 어떻게 했나요?**

인천+송도

온라인 구매 가능한 최고의 쌀빵집

서로봄

address	인천 연수구 컨벤시아대로 100 현대힐스테이트 602동 1층
open	11:00~19:00(일, 월요일 정기휴무)
check	포장만 가능(온라인 판매)
instagram	@seorobom
menu	쌀베이글, 쌀소금빵, 쌀에그타르트

‘서로봄’의 오프라인 매장은 인천 송도에 있다. 방문하기 어렵다면 온라인으로 일부 메뉴는 구매가 가능하다.

앙버터 베이글은 쌀베이글로 만들었는데 인생 베이글이라고 해도 과언이 아닐 정도로, 고소함과 쫀득함 두 가지를 다 채운 맛이다. 쌀빵 특유의 식감은 떡과 같은 쫀득함인데 이를 아주 잘 표현했다. 일반적인 앙버터와 다르게 버터가 비교적 얇게 들어있다. 버터가 지나치게 두꺼우면 먹으면서 물리는 경우가 많은데 물리지 않게 먹을 수 있다. 그리고 팥 앙금은 호두과자의 단팥처럼 달달하고 알갱이가 없고 양도 많은 편이다. 다만 앙버터 베이글은 온라인에서는 판매하지 않는 메뉴이다.

서로봄의 소금빵은 크기가 비교적 작은 편(손바닥만한 크기)이었지만, 맛을 즐기기에 충분하다. 우선 소금빵의 키포인트인 바닥 부분이 충분히 바삭하면서 버터 풍미가 진했고, 무엇보다 쌀빵 특유의 식감이 잘 살아 있어서 찢었을 때 아주 쫄깃하게 결대로 찢어진다. 소금빵도 서로봄에서 추천하는 메뉴이다.

POINT

베이글과 스프레드 조합을 좋아한다면

건강을 생각하는 편이라면

REVIEW

☆ ☆ ☆ ☆ ☆

TIP

알고 먹으면 맛있는 빵 이야기

베이글 Bagel

도넛의 친척으로 여겨지는 베이글은 도넛과 같이 가운데 구멍이 나있지만 제빵 과정에서 차이가 있다. 도넛은 빵을 튀겨서 만드는 반면에 베이글은 물에 삶은 반죽을 구워서 만든다. 깔끔하고 담백한 맛으로 크림치즈나 블루베리를 함께 곁들여 먹기도 한다. 버터, 우유, 계란 등을 사용하지 않고 밀가루, 물, 소금, 이스트만 활용해 만들기 때문에 다이어트 빵으로도 좋다.

베이글이 탄생한 것은 17세기 오스트리아와 오스만 튀르크가 전쟁하던 때이다. 폴란드 연합군 기마병의 도움으로 오스트리아가 전쟁에서 승리했고, 감사의 의미로 유대인 제빵사가 폴란드 왕에게 등자(말을 탈 때 발을 디디는 물건) 모양의 빵을 만들어주었다. 왕은 '뷔겔(Bügel, 등자의 독일어)'이라 이름 붙였고, 이것이 오늘날의 '베이글'이 된 것이다. 19세기에 미국으로 이주한 유대인에 의해 미국에 전파되었고 뉴욕은 '베이글의 도시'가 되었다.

서울 마포구 합정에는 다양한 종류의 맛있는 베이글을 파는 '포비베이직'이 있다. 포비 크림치즈를 곁들어 먹어보시길. 이 외에도 플레인, 무화과, 크랜베리 등 다양한 종류의 크림치즈 스프레드를 판매하고 있다.

Q **우리집 근처로 이전해 왔으면 하는 다른 지역의 빵집이 있나요?**

마포구+연희동

자꾸 하염없이 먹고 싶은 건강한 팬케이크

그레인서울

address	서울 서대문구 연희로11가길 53 2층
open	09:00~17:30(라스트오더 16:00, 연중무휴)
check	포장 가능, 야외 좌석, 주차 2대 가능(가급적 대중교통 권장)
instagram	@grain_seoul
menu	나만의 브런치, 오트밀 팬케이크

빵슐랭표 '나만의 브런치'. 원하는대로 메뉴를 구성하여 주문할 수 있다

연희동에 위치한 '그레인서울'은 건강한 팬케이크를 파는 브런치 전문점이다. 다이어트와 팬케이크가 공존할 수 있는 단어라는 걸 알려준 곳이다.

이곳은 원래 건강한 음식을 만드는 브런치 맛집으로 알려져 있는데, 그중에서도 글루텐프리 팬케이크가 유명하다. 밀가루를 피하고 싶은 빵순이, 빵돌이들에게 적극 권하는 메뉴이다.

오트밀이 주재료이다 보니 일반적인 밀가루 팬케이크보다는 훨씬 덜 달고, 건강한 맛이다. 조금 심심하다고 느낄 때 팬케이크 위에 올려주는 토핑들이 밀가루 팬케이크 못지않은 맛을 만들어주는데 맛과 건강, 맛과 다이어트를 모두 잡았다(그 어려운 걸 해내는 맛!). 특히 블루베리 잼과 블루베리를 팬케이크에 올려 먹는 것을 추천한다. 또 그레인

건강하고 맛있는 '오트밀 팬케이크'

서울의 '나만의 브런치 플레이트'는 다양한 메뉴 중 원하는 것으로만 만들 수 있다. '빵슐랭 표' 나만의 브런치처럼 플레이트를 만들어 보는 것도 추천한다.

POINT

다이어트 중이지만 빵이 먹고 싶다면
글루텐프리를 지향하는 비거니스트라면

REVIEW

☆ ☆ ☆ ☆ ☆

TIP

알고 먹으면 맛있는 빵 이야기

팬케이크

미국인들의 아침 식사로 잘 알려진 팬케이크는 나라별, 지역별, 그 문화와 역사에 맞게 변형되어 종류도 매우 다양하다. 재료가 비교적 단순하고 간편해서 약한 불에 구운 밀가루 반죽에 시럽, 버터, 과일 등 각자의 취향과 입맛대로 토핑을 올려 함께 먹는다.

팬케이크는 탄생의 역사가 매우 오래전으로 거슬러 올라간다. 고대 그리스 로마 시대에도 밀가루 반죽에 올리브 오일, 꿀 등을 함께 먹었다는 기록이 있으며, 15세기부터 팬케이크라고 불리게 되었고 19세기에 미국에서 본격적으로 자리 잡았다.

팬케이크 데이라고 있는데, 회개하고 금식하는 기간인 40일간의 사순절이 시작하기 전 주로 갖는 파티이다. '참회의 화요일(Shrove Tuesday)'이라고도 불린다. 사순절 기간 동안 우유, 버터, 계란과 같은 동물성 식품을 먹지 못하는 탓에 그 전에 사람들이 많이 먹다 보니 이러한 이름으로 불리게 되었다고 한다.

온라인 전용

칼로리 걱정 없이 쌀빵을 즐겨요

망넛이네

homepage	mangnut2.com
instagram	@mangnut2
menu	찹싸루니

쌀빵을 찾아본 경험이 있는 빵순이 빵돌이라면 무조건 알법한 '망넛이네'는 온라인으로만 판매 중이다. 찹쌀떡처럼 쫀득한 식감의 '찹싸루니'가 대표적인 메뉴이다. 안에는 맛있는 크림이 적당히 들어가 있고, 글루텐프리 쌀빵임에도 밀가루 빵보다 훨씬 더 맛있게 먹을 수 있어서 다이어터 빵순이 빵돌이에게 최고의 빵이다.

찹싸루니는 초코 계열의 빵으로 다크 초코칩 찹싸루니로, 그릭데이의 녹차 요거트와 함께 먹으면 어울린다. 이런 초코나무숲 느낌을 좋아하는 사람들을 위해 망넛이네에는 '녹차 품은 다크' 맛도 출시했다.

POINT

초코빵을 좋아하지만, 칼로리 때문에 망설여본 경험이 있다면

진한 초코맛 쌀빵이 궁금하다면

REVIEW

☆ ☆ ☆ ☆ ☆

맛과 건강을 모두 챙기는 글루텐프리 빵집

모닐이네하우스/비고미

모닐이네하우스

address	서울 마포구 성미산로26길 9 1층 101호
open	11:00~20:00(수요일 정기휴무)
check	원데이 클래스 운영, 온라인 주문 가능
instagram	@monil2_house
menu	쌀에그타르트, 글루텐프리츄러스, 쌀휘낭시에

모닐이네하우스의 에그타르트

밀가루가 들어가지 않은 '글루텐프리' 빵집이자, 밀가루를 사용하지 않았다는 것이 믿기지 않는 쌀빵집 레전드! '모닐이네하우스'는 아이디어스로에서 판매되었다가 지금은 연남동에 오프라인 매장으로 만나볼 수 있다. 현재는 공방도 운영하며 원데이 클래스로 글루텐프리 빵을 만들어 볼 수 있으며, 답례품 등의 대량 주문도 가능하다.

에그타르트의 거대한 버전인 '에그 스콘'을 맛보았었지만, 현재는 본래의 에그타르트 사이즈로 판매하고 있다. 100% 쌀로만 만들어진 에그타르트로 에그필링은 마냥 달지는 않지만 진한 맛이 느껴진다. 포장해서 먹을 땐 냉동에 얼려뒀다가 에그프라이어 160도에 7분 정도 데워 먹는 것을 권한다. 겉은 따뜻하고, 안은 덜 데워져서 얼려먹는 느낌으로 아이스크림처럼 먹을 수 있다.

비고미

address	서울 마포구 망원로8길 63 101호
open	12:00~19:00(화요일 정기휴무)
check	라떼, 밀크티 등에도 대체유를 사용하는 비건 카페
instagram	@bgomi_cafe
menu	초코나무숲 파운드, 찹쌀브라우니

마포구의 또 다른 글루텐프리 빵 맛집은 '비고미'이다. 용산에 있었을 때 방문했는데 지금은 망원동으로 이전해 재오픈했다. 비고미는 비건 빵집이기도 해서 비거니스트 빵순이들의 최고의 장소이다. 음료 메뉴

비고미의 마들렌과 브라우니

비고미의 초코나무숲 파운드

도 우유가 아닌 대체유를 사용하기 때문이다.

마들렌 역시 우리가 알고 있는 식감 그대로 적당히 부드럽다. 비고미의 마들렌과 브라우니는 비건 빵이라는 생각이 전혀 들지 않을 정도로 부드럽다. 보통 버터가 들어가지 않은 비건 빵은 푸석한 경우가 많은데, 푸석함 없이 브라우니 특유의 '꾸덕함'이 느껴진다.

비고미에서 사온 빵 중 맛있었던 건 바로 초코나무숲 파운드이다. '베스킨라빈스의 초코나무숲 아이스크림을 빵으로 만들면 딱 이 빵이겠구나'라는 생각이 들었다. 녹차맛이 적당히 느껴지면서 진한 초코맛이 어우러진다. 또 이곳의 마들렌과 브라우니처럼 파운드도 비건 빵답지 않게 충분히 촉촉하고 부드럽다. 아직 비건 빵에 도전해 보지 않았다면, 비고미에서 맛있는 비건 빵도 있다는 걸 경험할 수 있을 것이다.

POINT

경의선 숲길 공원과 망원 시장에 가게 된다면

구움과자류를 글루텐프리, 비건 스타일로 즐기고 싶다면

REVIEW

☆ ☆ ☆ ☆ ☆

Q 휘낭시에, 마들렌, 까눌레 등 구움과자 중 좋아하는 것은 어떤 건가요? 그 이유는 무엇인가요?

ESSAY

다이어트를 위해 한약을 먹었더니 빵 맛을 잃은 사연

매주 뉴스레터를 발행하며 어떤 빵을 먹을지 고민하기 시작했다. 새로운 지역에 가면 근처 빵 맛집부터 검색해보는 빵순이지만, 빵과 거리두기를 했던 '빵태기(빵+권태기)' 시절이 있었다. 바로 다이어트 한약 때문에!

사실 대학생 때부터 꽤 여러 번의 다이어트를 시도했었다. 다이어트를 하는 와중에 빵을 먹으면서도 14킬로그램을 감량한 적도 있었고, 한 차례 요요가 오기도 했지만, 다시 10킬로그램을 감량을 했다. 그리고는 몇 년 간 곧잘 몸무게를 유지하고 있었는데, 위기가 찾아왔다.

2022년 초 코로나19 확진자가 하루에 60만 명에 육박하던 때. 해외 출장을 가게 되어야 할 상황이었는데, 당시에는 코로나에 걸리면 출국이 불가능한 상황이라서 코로나에 걸리지 않기 위해 일주일 동안 집 밖에 나가지 않고 재택근무를 했다. 이 시기에 평소 매일 해왔던 운동 패턴이 무너졌고, 그 뒤 바로 미국 출장을 가게 된 것이다. 운동 패턴이 무너진 상태에서 미국의 고칼로리 음식을 먹으니 정말 살이 무서운 속도로 붙기 시작했다. 그리고 한국에 돌아오니 살이 훅 쪄있었다.

'급찐급빠'라고, 급하게 찐 살은 급하게 빼야 한다고 하는데, 결국 난 특단의 조치로 '다이어트 한약'을 시도했다. 확실히 식욕을 줄여주는 효과를 느꼈지만, 문제는 빵 맛도 뚝 떨어졌다는 것이다. 매주 빵슐랭가이드 뉴스레터를 쓰기 위해선 빵 투어를 해야 하는데…. 예전과 다르게 빵을 먹고 싶다는 생각조차 들지 않지 않았다. 한약의 효과는 엄청 났습니다. 당시에는 빵을 사 먹어도 한 두입 정도 먹어가며 매주 뉴스레터를 겨우 완성했었다.

그렇게 두 달 동안 한약을 먹으면서 6킬로그램이 빠졌고, 지금은 그 몸무게를 건강하게 유지하고 있다. 약을 끊으니 빵 맛은 다시 돌아왔고, 운동 열심히 하면서 즐거운 빵 라이프를 다시 즐기게 되었다.

마포구 · 망원동

완전한 비건 디저트 빵집

두두리두팡

address	서울 마포구 월드컵로23길19 1층
open	12:00~19:00(월, 화, 수요일 정기휴무)
check	재료 소진 시 조기 마감
instagram	@duduri_dupang
menu	비건 케이크, 비건 까눌레, 비건 머쑥파하할

다양한 비건 빵집이나 글루텐프리 빵집에 특화된 '빵슐랭 가이드'. 망원동에는 굉장히 귀여운 이름의 비건 빵집이 있다. 바로 '두두리두팡'. 두두리두팡의 모든 디저트는 비건을 위한 것으로 글루텐프리, 넛프리이다. 알레르기가 있는 빵순이라면 아무 걱정 없이 먹을 수 있는 안전재료 빵집이다. 버터, 달걀 등의 동물성 재료뿐만 아니라 밀가루도 일체 사용하지 않는다고 한다. 또한 무설탕 알룰로스와 코코넛슈가만으로 단맛을 낸다. 그래서 모든 메뉴에는 '비건'이 붙어 있다.

빵슐랭의 선택은 꾸덕꾸덕한 쑥갸또에 저당 팥앙금을 한껏 올린 머쑥 파하할. 단, 이곳의 메뉴는 변동이 잦으니 소개하는 메뉴는 참고만 하길 바란다. 머쑥 파하할은 비거니스트를 위한 빵이라고는 믿기지 않을 만큼 꾸덕한 쑥시트였고, 그 위에 더욱더 꾸덕한 쑥갸또가 올라가 있다. 얹혀진 귀리크럼블과 팥 앙금 모두 저당으로 만들어졌고, 최소한의 코코넛슈가만 첨가했다고 한다. 건강뿐만 아니라 맛도 있기 때문에 꼭 추천하고 싶은 비건 빵집이다.

POINT

비거니스트로서 맘껏 빵을 즐기고 싶다면

REVIEW

☆ ☆ ☆ ☆ ☆

'빵' 밸런스 게임

꾸덕한 식감

VS

부드러운 식감

Q 스스로 '할매입맛'이라고 생각하나요? 그렇다면 어떤 빵 속재료를 선호하나요?

종로구+운니동

비거니스트를 위한 브런치

루시드

address	서울시 종로구 운니동 62-1 1층
open	8:00~17:00(주말 9:00~17:00, 화요일 정기휴무)
check	재료 소진 시 주문 마감
instagram	@lucyd_seoul
menu	오지 빅 브레키, 아보 온 토스트

'빵슐랭' 하면 비건 빵 맛집도 빼놓을 수 없다. 비건 메뉴가 있는 브런치 가게를 추천하라고 하면 바로 이곳 '루시드'를 말하고 싶다. 마포구 상수동에서 종로구 운니동으로 이전하였다. 호주에서 온 셰프가 연 곳으로 비건 메뉴인 비건 샥슈카, 아보 온 토스트, 바나나브레드 등이 있어서 비건을 추구한다면 행복하게 식사를 할 수 있다.

시그니처 메뉴인 '오지 빅 브레키'는 브런치 플레이트로 계란 요리는 수란, 스크램블, 프라이 중에서 선택할 수 있다. 빵 위에 올라가 있는 스크램블은 너무 맛있어서 순식간에 먹게 된다. 아보 온 토스트는 '홈메이드' 빵으로 바삭함과 따뜻함을 유지해 나온다. 그 위에 아보카도와 토마토, 수란이 올라간 조합은 황홀하다. 또한 함께 나오는 파스타 스타일의 토마토 소스도 맛있다.

브런치 메뉴 이외에도 바나나브레드와 같은 디저트 메뉴도 있어 비거니스트 빵 덕후들에게는 성지이다.

POINT

서울의 작은 호주를 경험해보고 싶다면
다양한 비건 메뉴를 맛보고 싶다면

REVIEW

☆ ☆ ☆ ☆ ☆

종로구 · 관훈동

쑥 디저트의 품격

사월의 물고기

address	서울 종로구 인사동길 62-5 (충훈빌딩) 2층
open	12:00~21:00(라스트오더 20:30, 연중무휴)
check	베이킹클래스 수강 모집(blog.naver.com/sweetmama)
instagram	@4wall_fish
menu	쑥 비엔날레(HOT), 쑥 까눌레

'할미입맛' 하면 떠오르는 대표적인 재료는 쑥이다. 그리고 서울의 쑥 디저트 맛집을 묻는다면 바로 이곳이 떠오른다. 바로 인사동에 위치한 '사월의 물고기'이다.

이곳의 시그니처 메뉴는 까눌레이다. 쑥 까눌레를 먹는 순간, 이곳 까눌레가 왜 유명한지 단번에 알았다. 까눌레는 겉은 바삭, 속은 촉촉한 것이 기본이지만, 사월의 물고기 까눌레는 유독 속이 더 부드럽다. 겉부분은 까눌레답게 적당히 딱딱하고 바삭하지만, 안쪽 부분이 입에서 녹는 듯한 인상을 남긴다. 쑥 맛도 충분히 느껴진다.

사월의 물고기 '쑥크림 크붕이'

사월의 물고기에는 크루아상 붕어빵 '크붕이'도 있다. 그중에서도 쑥크림 크붕이는 크루아상 생지를 붕어빵 기계에 넣은 빵인 만큼, 아주 바삭하면서도 버터리한 풍미가 느껴진다. 킬링 포인트는 쑥크림인데 쑥 맛이 아주 진하게 난다. 또 쑥과 팥의 조화로움은 이미 아는 사람은 다 아는 맛! 팥도 달달한 통팥이어서 쑥크림이랑 무척 잘 어울린다.

빵슐랭

POINT

쑥, 흑임자, 옥수수 등의 빵 재료를 좋아한다면
속이 촉촉한 까눌레의 맛을 느껴보고 싶다면

REVIEW

☆ ☆ ☆ ☆ ☆

TIP

알고 먹으면 맛있는 빵 이야기

까눌레 Canelé

까눌레는 프랑스의 디저트 중 하나로, 정식 이름은 '까눌레 드 보르도(Cannele de Bordeaux)'이다. 이름에서 알 수 있듯이 프랑스 보르도 지방에 위치한 수도원에서 만들어진 디저트이다. 까눌레는 프랑스어로 '세로 홈이 새겨진', '골이 진'이라는 뜻인데 의미에 맞게 까눌레에는 세로로 홈이 파져있다.

까눌레의 겉은 바삭하고 속은 촉촉해서 빵순이 빵돌이 사이에서 인기가 특히 많다. 까눌레만의 특유한 식감 때문에 좋아하는 사람들이 많다.

까눌레가 탄생한 유래에는 여러가지 일화가 있다. 가장 잘 알려진 것은 와인으로 유명한 프랑스에서 와인 내 침전물을 제거하기 위해 계란 흰자를 사용하는데 남은 노른자를 활용할 방법을 찾다가 까눌레가 탄생했다고 한다. 특히 빵슐랭이 추천하는 까눌레 맛집으로는 우드앤브릭, 콩앗간이 있다.

Q 팥 앙금은 알갱이가 씹히는 것이 좋나요 아니면 부드러운 것이 좋나요?

든든해지는 한 끼, 독일식 식사빵

395빵집

address	서울 마포구 양화로8길 25-3 1층
open	10:00~19:00(일, 월요일 정기휴무)
check	포장, 택배 주문 가능(인스타그램)
instagram	@backstube_395
menu	토스트, 통호밀빵, 브렛첼(프레첼)

빵이 식사가 되는 세상에 살고 있는 요즘, 건강도 맛도 다 챙긴 '식사빵'의 종류가 다양해지고 있다. 합정에 위치한 '395빵집'도 그중 한 곳이다.

추천하려는 식사빵 메뉴는 바로 '토스트'이다. 우리가 생각하는 프랜차이즈 토스트가 아니라, 호밀빵과 잼 구성으로 빵 본연의 맛을 즐길 수 있도록 한다. 우리밀과 독일산 유기농밀을 사용하고 있어 속이 편안하고 든든하다.

토스트 메뉴에 나오는 하우스브레드는 통호밀과 호밀, 백밀이 섞인 빵으로 큰 사이즈와 절반용 사이즈 두 가지로 판매하고 있다. 겉 부분

395빵집 매장 내부

은 바삭하고, 속은 쫄깃한 식감의 사워도우가 빵만 먹어도 맛있다는 생각들게 하는 기본 빵이다. 여기에 크림치즈와 수제 사과잼 조합이 잘 어우러진다. 특히 사과잼이 정말 맛있으니, 기본 빵과 함께 사과잼도 구매하는 것을 추천한다.

빵슐랭

POINT

독일식 식사빵이 궁금하다면
담백하고, 고소한 빵을 선호한다면

REVIEW

☆ ☆ ☆ ☆ ☆

빵지순례 투어일
20 . .

Q **해외 빵지순례를 떠난다면, 어떤 나라를 가고 싶나요? 그 이유는 무엇인가요?**

서초구 · 서초동

갓 구운 빵들이 반겨주는 아침

크러스트 베이커리

address	서울 서초구 서초대로51길 30 1층
open	09:00~19:00(토요일 ~18:00, 일요일 정기휴무)
check	포장 가능
instagram	@_crustbakery
menu	샌드위치, 퀸아망

크러스트 베이커리는 퀸아망, 바게트, 깜빠뉴와 다양한 종류의 샌드위치류도 판매하는 곳으로 식사 대용으로 먹으면 좋은 빵이 많다. 담백한 식사빵을 선호한다면 이러한 빵집이 반갑게 느껴질 것이다. 기본에 충실한 맛이며, 휘낭시에와 같은 구움과자로도 행복감을 느낄 수 있다.

가장 추천하는 메뉴는 크루아상 샌드위치이다. 햄과 로메인, 치즈, 토마토가 들어있는 비교적 심플한 샌드위치이지만, 크루아상 위에 뿌린 치즈와 비법이 궁금해지는 소스 때문에 특별한 맛을 준다.

샌드위치 빵으로 선택된 크루아상 자체가 맛있는데, 크루아상 특유 결대로 찢어지는 풍미가 잘 느껴진다. 이곳의 커피는 산미가 강하지 않아서 크루아상과 잘 어울린다.

퀸아망의 포인트는 '살짝 탄 듯한 맛'이다. 겉부분이 크림브륄레처럼 살짝 탄 듯 슈가코팅 되어 있는데, 그 맛을 굉장히 잘 구현했다는 느낌을 준다. 그리고 안은 얼마나 부드러운지! 크루아상이 맛있을 때부터 짐작은 했지만, 결대로 부드럽게 찢어지는 빵 안쪽 부분이 인상 깊다.

POINT

평소 결대로 찢어 먹는 페스츄리를 좋아한다면

식사빵으로 한끼를 먹고 싶다면

REVIEW

☆ ☆ ☆ ☆ ☆

빵지순례 투어일

20 . .

Q

어떤 스타일의 샌드위치를 좋아하나요?
(오픈 샌드위치 or 클로즈드 샌드위치)
샌드위치 빵으로 선호하는 빵이 있나요?
(크루아상, 식빵 등)

성동구 · 성수동

글루텐프리 식사빵이 가득

포도빵집

address	서울 성동구 서울숲7길 9-1 1층
open	10:00~18:00(연중무휴)
check	픽업 예약, 배달, 택배 가능, 재료 소진 시 조기 마감
instagram	@podobakeshop
menu	쌀소금빵, 쌀샌드위치, 쌀포도빵

'포도빵집'은 전 메뉴가 글루텐프리 쌀빵으로 메뉴가 다양하고 맛도 있는 편이라 성수동에서는 이미 알려진 편이다. 마감 시간 즈음에 가면 빵이 거의 남아있지 않을 정도이다.

포도빵집의 시그니처빵은 포도빵으로, 하드계열 캄파뉴에 견과류가 가득 박혀있으며, 무설탕 캄파뉴인지라 기본적으로는 담백한 맛이다. 게다가 견과류는 물론 건포도와 크랜베리도 들어있어서 포만감이 아주 잘 느껴진다. 전체적으로 잘 어우러지고, 무엇보다 재료를 아끼지 않는다는 것이 느껴진다.

쌀크루아상은 밀가루가 들어가지 않았다는 사실이 느껴지지 않을 정도로 결대로 찢어지면서도 풍미가 깊게 느껴진다.

빵슐랭

POINT

투박하고 담백한 시골빵의 스타일을 선호한다면
글루텐프리로 맘껏 빵을 즐기고 싶다면

REVIEW

☆ ☆ ☆ ☆ ☆

Q 글루텐프리 빵을 먹어본 적이 있나요? 먹어봤다면 가장 소개하고 싶은 빵 종류는 무엇인가요?

성동구+성수동

봄은 브런치 먹기 좋은 날!

메이플탑

address	서울 성동구 성수이로14길 14 성수연방A동 2층
open	09:00~18:00(라스트오더 17:30, 연중무휴)
check	포장 가능, 단체 이용, 주차, 캐치테이블 예약 가능
instagram	@mapletop_
menu	브렉퍼스트 샤퀴트리, 아메리칸 브랙퍼스트

에그베네딕트와 플로렌틴 오믈렛

브런치 맛집 집결지 성수동! 이런 성수동에서 브런치로 차별화하기란 쉽지 않은 일이다. 하지만 '찐 미국식 브런치'로 빵슐랭의 '또간집'이 된 성수 메이플탑을 소개한다. 치킨&와플 메뉴가 있을 정도로 미국 감성을 느낄 수 있다. 물론 브런치 메뉴가 대표적이지만, 이곳은 '곡물빵'이 특히 맛있는 브런치 가게이다.

빵슐랭 추천은 '오믈렛'! 치즈가 아낌없이 들어 있는 오믈렛 메뉴가 다양하다. 그중 맛있게 먹은 것은 '플로렌틴 오믈렛'으로 시금치, 양송이, 양파, 치즈가 들어 있으며, 잘 구워진 곡물빵에 올려먹으니 환상의 조합이었다. 게다가 하우스와인까지 주문할 수 있으니 따뜻한 봄 날씨에 야외에서 먹기 딱 좋은 곳이다. 함께 주문한 에그 베네딕트는 무난하게 맛있다.

POINT

미국 감성 브런치를 즐기고 싶다면
다양한 스타일의 팬케이크가 궁금하다면

REVIEW

☆ ☆ ☆ ☆ ☆

용산구 · 한남동

나를 위한 소중한 한 끼

LTP 한남

address	서울 용산구 이태원로45길 7 2층
open	11:00~20:00(브레이크타임 15:00~17:00, 라스트오더 19:00, 연중무휴)
check	콜키지, 주차, 발렛 가능(유료)
instagram	@ltp_hannam
menu	시그니처 브런치 세트, 고메버터와 바게트

테라스가 있는 한남동 브런치 맛집, LTP 한남에는 바게트와 고메버터가 함께 나오는 사이드 메뉴가 있다. 바게트는 오월의 종에서 들여와 사용하고 있으며, 버터도 다양한 맛으로 준비되어 있는데 하우스 와인 한 잔과의 조합이 좋다.

LTP 한남을 가야할 또 다른 이유는 오픈 샌드위치 때문이다. '터키쉬 수란& 토마토 리코타 오픈 샌드위치'는 맛있는 식빵에, 리코타 치즈가 듬뿍 발라져 있으며, 토마토와도 잘 어울린다. 연신 '맛있다'를 반복하며 먹게 될 것이다.

빵슐랭

POINT

샌드위치를 특별하게 맛보고 싶다면

오전 늦게 일어나 한가롭게 브런치를 즐기고 싶다면

REVIEW

☆ ☆ ☆ ☆ ☆

창문 뷰
VS
야외 뷰

Q 나만의 분위기 빵 맛집이 있나요? 데이트 코스로 추천하고 싶은 곳은 어디인가요?

마포구 · 동교동

줄 서서 먹는 프렌치토스트 집이 있다!

조앤도슨

address	서울 마포구 동교로41길31 지층 좌측
open	12:00~21:00(라스트오더 20:00, 연중무휴)
check	매장 내 취식 가능(웨이팅 필수)
instagram	@joanddawson
menu	프렌치토스트, 밀크티

샌드위치를 비롯한 원조 식사빵이 기본이라면, 요즘 가장 핫한 식사빵은 '프렌치토스트'라고 할 수 있다. 원래 브런치카페에서 일반적으로 파는 프렌치토스트는 크기가 큰 플레이트에 계란물 입힌 폭신한 토스트, 슈가파우더, 과일이 얹혀진 모습을 떠올릴 것이다. 그러나 혼자서도 즐기는 사람들이 많아지면서 최근에는 1인1토스트가 가능한 크기의, 작은 접시에 나오는 프렌치토스트가 유행이다. 그중 '프렌치토스트 맛집'을 언급할 때 많이 나오는 곳은 조앤도슨이다. 연남동에 위치한 이곳은 주말은 물론 평일에도 웨이팅이 있는 서울에서 가장 유명한 프렌치토스트 맛집이다.

매장 내부 바 자리에 앉으면 프렌치토스트가 맛있게 구워지는 모습을 볼 수 있다. 구워진 프렌치토스트는 주문하면 바로 그 자리에서 토치로 겉면을 태워준다. 이것이 조앤도슨의 킬링포인트이다.

토스트가 구워지고 있는 조앤도슨 매장 모습

토치로 겉면을 태우면 식빵의 겉면이 그을린다. 시럽 뿌린 상태에서 겉면을 살짝 태운 것으로 크림브륄레의 비주얼을 볼 수 있다. 포크로 치면 '톡톡' 소리가 나는 것도 같다. 한입 베어물면 몰캉한 식감의 토스트와 정말 잘 어울리는 맛이다. 프렌치토스트가 주는 즐거움은 겉과 속이 다른 식감인데 본연의 프렌치토스트 식감을 즐길 수 있다.

조앤도슨 프렌치토스트를 더 맛있게 하는 건 접시 한쪽에 담아주는 프리미엄 소금인 '말돈소금'이다. 처음에는 일단 한입 먹어보고, 그 다음에는 소금에 찍어 먹는다. 단맛을 극대화하는 소금을 찍어먹으면 극강의 맛을 느낄 수 있다. '단짠단짠'은 이럴 때 쓰라고 있는 표현이라고 느껴질 정도이다.

참고로 조앤도슨은 밀크티도 시그니처 메뉴로 한쪽에서 밀크티를 직접 끓이고 있는 모습을 볼 수 있다. 아이스 밀크티를 시켜도 '얼음 없이' 차가운 상태로 제공한다. 이는 밀크티 고유의 진한 맛을 해치지 않기 위한 것이다. 아쌈 밀크티와 프렌치토스트가 조화로운 맛이다.

POINT

겉면은 바삭한 프렌치토스트를 맛보고 싶다면
클래식 프렌치토스트를 경험하고 싶다면

REVIEW

☆ ☆ ☆ ☆ ☆

Q **빵집 웨이팅 해본 경험이 있나요? 있다면 어떤 곳이었고, 어떤 메뉴 때문이었나요?**

종로구+통인동

프렌치토스트에 빠지고 싶다면, 이곳부터

팔

address	서울 종로구 자하문로9길6 1층
open	10:00~21:00(라스트오더 20:00, 연중무휴)
check	영문 표기인 'Phal'로 검색, 브런치메뉴는 14:00까지 가능
instagram	@phal.cafe
menu	프로슈토 프렌치토스트, 프렌치토스트

동교동의 조앤도슨에 이어 프렌치토스트 맛집을 더 추천해 보라고 하면, 서촌의 '팔'을 말하고 싶다. 경복궁역에서 멀지 않은 곳에 위치해 있다.

햇살이 창 너머로 가득하게 들어오는 카페 팔은 그 안에 있는 것만으로도 마음이 평화로워진다. 이곳의 프렌치토스트는 푸딩이라고 해도 될 정도로 촉촉한 식감이다. 계란물에 푹 젖은 듯한 느낌이어서 엄청 부드럽다. 그럼에도 가장자리의 바삭함은 어느 정도 유지되어 있다. 무엇보다 일반 식빵이 아닌 사워도우 식빵으로 프렌치토스트를 만들기 때문에 유독 크러스트(가장자리)가 더 맛있다는 느낌을 받을 수 있다. 시럽과 슈가파우더, 과일이 토핑 되어 있음에도 지나치게 달지는 않았다. 딱 적당히 기분 좋아지는 단맛이다.

평일에도 사람이 넘치는 서촌에서 핫한 카페 중 하나이다. 주말에는 웨이팅이 긴 편이다.

POINT

한낮의 여유를 서촌에서 즐기고 싶다면
겉바속촉의 프렌치토스트를 맛보고 싶다면

REVIEW

☆ ☆ ☆ ☆ ☆

'빵' 밸런스 게임

혼자 가기
VS
단체로 여럿이 가기

Q 소중한 사람과 빵 먹으러 가본 적이 있나요? 있다면 왜 그곳을 택했나요?

용산구 + 용산동

64겹 데니시 식빵 샌드위치

마블베이크

address	서울 용산구 서빙고로69 파크타워 106동 지하상가
open	09:30~17:00(금, 토요일 ~20:00, 일요일 ~19:00, 연중무휴)
check	이촌역 1번 출구 교토마블 매장으로 확장 이전
instagram	@marblebake_official
menu	우삼겹 샌드위치, 잠봉뵈르

식사빵 종류를 말하면 빼놓을 수 없는 샌드위치! 간단한 한 끼가 되면서도 속재료에 따라 다양하게 만들 수 있어 선호하는 사람들이 많은 편이다.

'마블베이크'의 시그니처 메뉴인 우삼겹 샌드위치는 빵 사이에 우삼겹이 가득 들어 있는데다가 체다 치즈가 길게 늘어질 정도로 따뜻하게 데워져 나온다. 거기에 루꼴라가 우삼겹을 더 빛나게 해준다. 자칫 느끼할 수 있는 이 조합을 매운맛 소스와 피클이 잡아준다.

샌드위치 빵은 데니시 식빵과 바게트 중 선택할 수 있다. '교토마블 식빵'을 취급하고 있어 겉은 바삭하고 속은 부드러운 식감을 느낄 수 있는 데니시 식빵을 고르는 것을 추천한다.

POINT

교토마블 식빵을 맛보고 싶다면

REVIEW

☆ ☆ ☆ ☆ ☆

'빵' 밸런스 게임

오픈 샌드위치

VS

클럽 샌드위치

샌드위치 속재료로 어떤 재료를 선호하나요?

은평구 · 진관동

이 가격에 애프터눈 티세트와 한옥 풍경까지

스페이스헬레나

address	서울 은평구 진관길4 2층
open	11:00~21:30(매주 수요일은 18:00까지 영업, 연중무휴)
check	한옥뷰 좌석은 많은 편, 티세트는 예약 필수, 애견 동반 가능
instagram	@cafe.space_helena
menu	한옥의 오후 티세트 2인

은평한옥마을 안에 위치한 '스페이스헬레나'는 테이블석이 많은 대형 카페는 아니지만 한옥을 바라보며 애프터눈 티세트를 즐길 수 있다는 점이 매력적이다. 또한 이곳의 애프터눈 티세트 '한옥의 오후 티세트'는 3단 트레이에 식사와 디저트가 모두 구성되어 있는데, 다른 카페의 가격보다는 합리적이라 느껴진다.

3단 트레이의 구성은 맨 아래 1단 새우 바질 부르스케타와 훈제 연어 부르스케타, 그리고 크루아상 햄 샌드위치로 식사빵 종류이다. 2단은 시그니처 조각케이크와 딸기 콩포트가 곁들여진 버터 비스킷, 그리고 미니 브라우니로 이루어진다. 3단은 수제청 트리플베리 요거트와 마들렌이다. 3단이 총 6만 원으로 다양한 종류의 빵과 디저트를 맛볼 수 있기에 두 명이서 먹으면 인당 3만 원이다.

그중 1단을 추천한다. 크루아상 샌드위치는 안에 들어가 있는 햄과 치즈만으로도 풍성한 맛으로 별도로 사먹고 싶을 정도이다. '크루아상 크기가 작지 않나?'라고 생각이 들 수 있지만 크지 않은 것이 오히려

한옥의 오후 티세트 1단

한옥의 오후 티세트 2단

좋다. 애프터눈 티세트 3단 트레이의 모든 메뉴를 즐기며 맛보기에 충분한 크기이다.

훈제 연어 브루스케타는 바게트 자체가 과하게 딱딱하지 않고, 고소함이 극대화된 바게트가 얹어진 재료의 맛을 돋보이게 한다. 특히 훈제 연어의 짭짤한 맛과 잘 어울린다. 또 바게트에 바질, 새우에 곁들여진 새콤한 소스, 토마토는 브루스케타를 먹은 후 2단의 디저트를 바로 먹어도 느끼함을 느끼지 않도록 맛의 베이스를 잡아준다.

2단에는 얼그레이케이크와 스콘 느낌의 비스킷, 그리고 브라우니가 있다. 얼그레이케이크는 홍차맛도 진하고 시트도 부드럽다. 보통 얼그레이맛 디저트를 먹으면 홍차맛이 입안에 은은하게 맴도는 경우가 대부분인데, 스페이스헬레나의 케이크는 얼그레이맛이 꽤 진한 편이다. 단, 케이크 종류는 그날그날 바뀔 수 있다고 한다. 메뉴판에는 버터비스킷이라고 적힌 스콘과 브라우니 역시 부담없이 즐길 수 있는 맛이다.

한옥의 오후 티세트 3단

마지막 3단은 요거트가 포함되어 있는데 요거트를 좋아하는 사람들에게는 이곳의 애프터눈 티세트가 만족스러울 것이다. 특히 스페이스헬레나의 요거트는 블루베리뿐만 아니라 비교적 큰 사이즈의 베리류도 들어있는 '트리플베리' 요거트여서 먹는 재미를 느낄 수 있다. 수제청과 함께 먹는 요거트도 상큼하다. 입에 들어가는 순간 스르르 녹는 마들렌은 부드러운 식감으로 마무리하기 좋은 구성이다.

POINT

애프터눈 티세트를 경험해보고 싶다면
식사빵부터 디저트까지 한 번에 즐기고 싶다면

REVIEW

☆ ☆ ☆ ☆ ☆

성동구+성수동 / 영등포구+여의도동

그릴 샌드위치 or 콜드 샌드위치

앤드밀

성수점

address	서울 성동구 연무장3길 5-1 3층
open	11:00~20:00(연중무휴)

더현대서울점

address	서울 영등포구 여의대로 108
open	10:30~20:00(연중무휴)
check	지점별로 메뉴 다름
instagram	@andmeal_sy
menu	바질크림고구마 샌드위치, 무화과말랭 샌드위치, 콘스프

'성수 브런치 맛집' 하면 제일 먼저 생각나는 앤드밀은 성수점 외에 더현대서울점, 청담점, 광주동명점이 있다.

단호박 콘스프는 단호박의 달달한 맛과 알알이 씹히는 옥수수 콘이 매력적이다. 샌드위치류는 그릴 샌드위치와 콜드 샌드위치가 있다. 로제 포테이콘 샌드위치는 그릴 샌드위치로 단면을 남기고 싶을 정도로 꽉 차 있어 먹는 순간 입안을 가득 채운다. 이 샌드위치만 식빵을 브리오슈로 사용하는데 결대로 찢어지는 빵과 로제소스, 감자 샐러드의 조합은 더현대서울점에서만 맛볼 수 있다.

무화괌말랭 샌드위치는 소프트 바게트에 샌드위치 재료로는 독특하게 무화과잼과 감말랭이가 들어간다. 감말랭이가 상큼하게 씹히며 햄, 리코타 치즈, 루꼴라와 조화롭게 어우러진다.

POINT

이색 조합의 빵을 즐겨한다면
웨이팅을 감내할 수 있다면

REVIEW

☆ ☆ ☆ ☆ ☆

대형 베이커리
VS
소규모 베이커리

Q 빵집 웨이팅 해본 적이 있나요? 있다면 기다린 보람이 느껴지던 빵집은 어디인가요?

마포구·연희동

사계절 변하는 풍경을 보며

디어모먼트

address	서울 마포구 대흥로 80-34 2층
open	11:00~22:00(라스트오더 21:30, 매주 수요일 정기휴무)
check	포장 가능, 창가 테이블 좌석 3개, 벚꽃 시즌 예약 필수
instagram	@dear._.moment
menu	브런치 플레이트, 샌드위치

벚꽃을 보면서 브런치를 먹고 싶다면? 이곳을 추천한다. '디어모먼트'는 서울 벚꽃 명소 중 하나인 경의선 숲길, 그곳에 핀 벚꽃을 창가 자리에 앉아서 맘껏 볼 수 있는 곳이다. 대흥역과 공덕역 사이에 위치해 있다.

특히 '브런치 플레이트' 메뉴에 포함된 브리오슈 식빵은 결대로 찢어지며 브리오슈 특유의 미각을 선사하며 행복을 느끼게 해준다. 그 위에 스크램블과 과카몰리를 올려먹는 환상의 조합을 추천한다.

바질페스토와 선드라이토마토가 올라간 오픈 샌드위치에는 하몽에 치즈까지 얹혀 있다. 한때 이 맛에 푹 빠진 적이 있는데, 마켓컬리에서 바질페스토와 선드라이토마토를 주문해 매일 식빵에 올려먹을 정도였다.

브런치 플레이트

POINT

경의선 숲길의 풍경을 감상하고 싶다면
감성 가득 공간에서 브런치를 즐기고 싶다면

REVIEW

☆☆☆☆☆

종로구 · 효자동

365일, 언제나 소금빵 중독

레스피레

address	서울 종로구 효자로13길 40-7
open	09:00~21:00 (연중무휴, 임시 휴무는 인스타그램 공지)
check	현대백화점 목동점, 울산점에도 입점
instagram	@_respirer
menu	소금빵

맥주와 잘 어울리는 빵 중에서는 소금빵을 빼놓을 수 없다. 짭짤한 소금빵에 시원한 맥주 한 캔이면 이미 여름 힐링 푸드 완성이다. '레스피레'는 지인들이 소금빵 맛집을 물을 때 망원동의 대표적인 곳으로 소개하곤 했다. 지금은 서촌으로 이전했지만, 여전한 소금빵 맛집이다.

레스피레의 소금빵은 아주 버터리(buttery)한 편이다. 매장에서 먹을 시에는 데워주는데, 그때 빵 겉면에서 녹은 버터를 볼 수 있을 정도이다. 또 소금빵의 핵심인 바닥면도 바삭하니 맛있다. 전체적으로도 심하게 짜지 않고 버터 풍미가 강한 소금빵이다. 아메리카노와의 궁합이 좋게 느껴진다. 가위를 같이 주셔서 먹기 편하다.

레스피레에는 여러 종류의 소금빵이 있다. 기본 소금빵 외에도 '고르곤졸라 소금빵', '바질토마토 소금빵', '딸기크림 소금빵' 등 이름만으로도 맛보고 싶어지는 소금빵이 가득하다. 그중에서 팥덕후들에게는 앙버터 소금빵을 추천한다.

레스피레의 소금빵이 워낙 버터리한 느낌이다 보니, 앙버터 소금빵은 버터의 양이 많게 느껴졌다. 팥 부분은 달달한 단팥이어서 버터리한 소금빵과 단짠 궁합이 훌륭하다.

POINT

빵 중에 소금빵을 가장 좋아한다면

버터 풍미 가득한 빵을 좋아한다면

REVIEW

☆ ☆ ☆ ☆ ☆

Q 자신만의 소금빵 고르는 기준이 있나요?

ESSAY

최고의 소금빵은 바닥이 딱딱해야 해

만 4년 동안 뉴스레터 '빵슐랭 가이드'를 연재하다 보니 지인들에게도 빵과 관련된 질문을 많이 받게 된다. 그중에서도 가장 많이 받은 질문은 '최애 빵이 무엇이냐'는 것이다. 얼마 전까지만 해도 "그때 그때 다르다. 싫어하는 빵은 없다"라고 답했었는데, 요즘은 그냥 소금빵이라고 답하고 있다. 빵슐랭 가이드에서도 소금빵을 소개하는 빈도가 높은 것을 보니 아무래도 소금빵을 제일 좋아하는 게 맞는 것 같다.

제일 좋아하는 빵이다 보니 소금빵을 고르는 나름의 기준도 생겼다. 맛있는 소금빵을 고르는 방법은 항상 바닥을 확인한다. 소금빵은 짭짤함도 매력이지만 버터 풍미로 먹는다고 해도 과언이 아니다. 맛있다고 말할 수 있는 소금빵은 버터가 빵의 겉면 바닥 부분으로 새어 나와서 굳어야 한다.

그래야 소금빵 바닥 부분에 버터 풍미가 응축되고, 더욱더 바삭하게 만들 수 있다. 그래서 항상 소금빵 바닥을 확인하고, 집게로 건드렸을 때 '톡톡' 소리가 나는지 살펴보는 편이다. 빵순이, 빵돌이라면 누구나 최애 빵이 있을 텐데, 빵을 고르는 나만의 방식을 세워두면 더 맛있게 즐길 수 있지 않을까?

경기도+분당

소금빵부터 휘낭시에까지, 모두 맛있는 곳

플링크

address	경기도 성남시 분당구 판교역로 166 1층 12호(판교점)
open	08:00~20:00(일요일 정기휴무)
check	압구정에도 매장이 있음
instagram	@flink.official
menu	크루아상, 빵오쇼콜라, 소금빵

소금빵 맛집으로 알려져 있어 소금빵 하나와 꿀고구마 휘낭시에를 주문했다. 소금빵은 '정석 소금빵'의 맛으로 바닥이 바삭하고, 적당히 버터리하면서, 짠 맛이 아주 강하지 않은 것인데 이 세 가지 요건을 모두 충족하는 맛이다. 소금빵의 맛은 바닥면이 결정한다고 해도 과언이 아닌데, 살짝 밑바닥을 치면 톡톡 소리가 나는 걸 확인할 수 있다. 겉 부분은 포크로 건드렸을 때 소리가 날 정도로 바삭한데, 안쪽 식감은 촉촉해서 꿀고구마와 잘 어울린다.

휘낭시에 맛집임이 분명하니 다른 종류의 휘낭시에 메뉴를 시도해 봐도 좋을 것 같다. 구황작물 러버라 고구마를 선택했지만 무화과 휘낭시에, 초콜릿 휘낭시에 등 다양한 휘낭시에 메뉴가 있다. 플링크는 판교점 외에도 압구정점도 있는데, 압구정점에서는 옥수수 휘낭시에, 맘모스 휘낭시에 등 특색 있는 휘낭시에를 만날 수 있다.

빵슐랭

POINT

소금빵을 가장 좋아한다면

다양한 휘낭시에 종류를 맛보고 싶다면

REVIEW

☆ ☆ ☆ ☆ ☆

빵지순례 투어일

20 . .

휘낭시에 Financier

휘낭시에는 프랑스의 빵으로 우리나라에서는 간식처럼 먹곤 한다. 마들렌과 재료나 맛은 매우 비슷한데 휘낭시에가 마들렌보다 좀 더 만들기 까다로운 편이다. 버터를 녹여서 넣는 마들렌과 달리 휘낭시에는 버터를 가열해서 넣기 때문에 만드는데 이 부분에서 손이 많이 간다. 그래서 마들렌보다는 휘낭시에가 맛이 더 고소하고 풍미가 좋은 편이다.

휘낭시에(Financier)라는 단어에서 알 수 있듯이 휘낭시에는 금융, 경제를 의미하는 'Finance'와 관련이 있다. 프랑스 파리의 증권거래소에서는 새해마다 주식 브로커들끼리 선물을 주고받는 문화가 있었는데, 증권가 근처 한 빵 집에서 주식 브로커들이 좋아할만한 빵을 고민하다가 번뜩이는 아이디어를 낸 것이다. 금괴 모양의 빵을 만들어 팔면 인기가 많으리라 생각한 것이다. 정장을 입고 다니는 브로커들을 위해 부스러기가 생기지 않고 손에도 잘 묻지 않는 빵을 만들기로 한다. 이렇게 탄생한 빵이 휘낭시에이다.

요즘엔 휘낭시에가 금괴 모양말고도 다양한 모양으로 만들어지며 바닐라, 얼그레이, 카라멜, 흑임자 등 다양한 종류의 맛도 등장했다. 바쁜 일상 중 여유롭게 아메리카노와 즐기기에 좋다.

Q 스스로 빵순이, 빵돌이라고 생각하나요? 어떨 때 그런 생각이 드나요?

성동구+성수동

진짜 프랑스 바게트

성수 베이킹 스튜디오

address	서울 성동구 서울숲2길 46 B1층
open	08:00~18:00(연중무휴)
check	포장만 가능, 온라인 주문 가능, 제품 소진 시 조기 마감
instagram	@seongsu_baking_studio
menu	프랑스 바게트, 치즈 올리브 치아바타

프랑스에서 먹어봤던 바게트를 찾는다면 성수 베이킹 스튜디오를 빼놓을 수 없다. 마감 시간이 다가오면 금세 품절이니 빨리 가는 것이 좋다.

식사빵 중의 식사빵 바게트는 통으로 팔기도 하고 컷팅을 요청할 수 있는데 컷팅된 단면을 보면 다른 곳에서 봤던 바게트보다 구멍이 더 많은 느낌이다. 그만큼 발효가 잘됐다는 의미이고, 바게트 특유의 시큼함도 잘 느낄 수 있다. 겉면은 아주 바삭한 편이라 바게트 고유의 식감을 찾는다면 반드시 먹어보기를 권한다.

POINT

부드러운 빵보다 딱딱한 느낌의 하드 계열 빵을 선호한다면

파리지앵이 즐기는 바게트를 먹어보고 싶다면

REVIEW

☆ ☆ ☆ ☆ ☆

바게트 Baguette

프랑스어로 '막대기', '지팡이'라는 뜻인 바게트는 프랑스의 대표적인 빵이다. 프랑스에서는 빵과 관련해 엄격한 식품법을 정해 놓았는데 바게트를 만들 때에는 밀가루, 소금, 물, 이스트만 사용해야 한다고 한다. 우리나라에서는 글루틴프리로 쌀바게트를 만드는 것과 달리 프랑스에서는 위 4가지 재료가 아닌 다른 재료가 들어간 빵은 바게트라는 이름을 사용하지 못한다.

바게트의 역사는 프랑스 혁명에서도 찾아볼 수 있는데, 프랑스 혁명 당시 사람들은 가난한 사람이든 부유한 사람이든 평등하게 빵을 먹을 수 있는 권리인 '빵의 평등권'을 주장했다. 이때 빵의 평등권을 위해 탄생한 빵이 바게트라는 유래가 있다. 누구나 빵을 먹을 수 있는 권리라니! 이처럼 바게트에는 프랑스 사람들의 정신이자 문화적 배경이 깃들여 있다.

Q 식사빵, 디저트빵 중 어떤 것을 좋아하나요? 특히 먹으면 든든해지는 빵이 있나요?

송파구 · 석촌동

포장 해오고 싶은 빵이 가득

쥬뗑뷔뜨

address	서울 송파구 백제고분로40길 16 서광빌딩 1층 코너 붉은색 테두리 나무문
open	11:00~19:00(토요일 ~18:00/수, 일요일 정기휴무)
check	포장만 가능
instagram	@je_tinvite
menu	바게트, 샌드위치, 스콘, 앙버터

석촌동 하면 가장 먼저 떠오르는 빵집, 쥬뗑뷔뜨는 포장만 가능한 빵집이다. 요즘 빵집은 소량 생산하고 포장만 가능한 것이 특징적이다.

이곳의 대표 메뉴는 단연 바게트! 딱딱한 바게트 고유의 바삭한 식감은 유지하면서도 안에 구멍 난 부분들은 포슬포슬하다. 고소한 맛이 풍부하게 느껴진다. 그래서인지 쥬뗑뷔뜨는 바게트를 이용한 빵 메뉴가 많다. 샌드위치류 중 바게트 샌드위치와 치아바타 샌드위치 두 가지 스타일이 있다.

바게트 샌드위치에는 신선한 양상추가 가득 들어있고 햄과 치즈, 양파, 그리고 '선 드라이 토마토'가 있다. 선 드라이 토마토는 샌드위치 전체의 맛을 결정지을 정도로 당도가 꽉 찬 맛이다. 비법을 알고 싶은 소스가 특히 매력적이다. 샌드위치 곳곳에 골고루 발려져 있는데 쥬뗑뷔뜨에 방문하신다면 꼭 먹어야 할 강력 추천 메뉴이다.

바게트 앙버터는 직접 만든 달달한 수제 앙금과 풍미 가득한 고급진 맛의 버터가 조화롭다. 따로 먹어도 맛있는데 쥬뗑뷔뜨의 바게트와 어우러지니 서울에서 먹은 앙버터 탑3 안에 든다고 자신 있게 소개할 수 있다.

여러 스콘 메뉴 중 맛본 바질 치즈 스콘은 바질맛과 치즈맛이 정확히 반반씩 느껴졌다. 바질 고유의 향이 충분히 나면서 치즈의 짭짤함도 스콘 안에 녹아져 있었다. 이밖에 말차 스콘, 크랜베리 스콘도 있는데 취향에 따라 골라 먹는 재미를 느낄 수 있다.

POINT

바게트로 만든 다양한 빵을 맛보고 싶다면
부드러운 팥 앙금의 앙버터를 먹고 싶다면

REVIEW

☆ ☆ ☆ ☆ ☆

Q

하드 계열 빵인 바게트 혹은 소프트 계열 빵인 치아바타 중 어떤 빵을 선호하나요? 그 이유는 무엇인가요?

ESSAY

PARIS BAGUETTE는 파리바게트가 아닌 '파리바게뜨'랍니다 feat. 전직 파바 알바생

PARIS BAGUETTE의 상호명이 파리'바게트'가 아닌 파리'바게뜨'임을 아는 이유는 6개월 간 파바 알바생이었기 때문이다. 참고로 파바 알바생은 서로를 파리지앵이라고 부른다.

파바 알바를 택했던 이유는 당연히 빵을 많이 먹을 수 있을 것이란 생각 때문이었다. 그런데 지점별로 다르다는 걸, 그때는 몰랐다. 얼마나 인자한 사장님을 만나는지에 따라 얼마나 많은 빵을 먹을 수 있는지 결정된다는 것을!

내가 일했던 파바 사장님은 남은 빵 한 톨도 알바생에게 주지 않는 분이셨다. 당시에는 아르바이트 식대로 1인당 6000원이 지급되었는데 그 6000원을 오픈 알바(오픈 시간 알바)와 미들 알바(점심~오후 알바)가 나눠 쓰게 할 정도였다. 점심시간 도중인 '12시 30분'을 교대 시간으로 지정해 식대를 알바 두 명이 나눠 쓰게 한 것이다.

결국 금액에 맞춰 3000원짜리 빵을 먹어야 하는데, 3000원 미만 빵 중엔 딱히 맛있는 것이 없었다. 메뉴 중 고르라면 '치즈감자봉'과 누구나 아는 찹쌀도너츠를 가장 좋아했다. 지금은 치즈감자봉 메뉴가 단종된 것인지 찾아볼 수가 없지만. 빵을 많이 먹을 수 있을 줄 알고 파리바게'뜨' 알바를 택했지만, 한 주에 한 개밖에 먹을 수 없었던 슬펐던 경험이 떠오른다.

마포구 · 동교동

여름 복숭아 디저트의 시작과 끝

이미커피

address	서울 마포구 동교로25길7 1층
open	12:00~21:00(라스트오더 20:30, 월,화요일 정기휴무)
check	핸드드립 커피, 커피 페어링 디저트 메뉴
instagram	@imi.coffee
menu	행복(여름 시즌 복숭아 디저트)

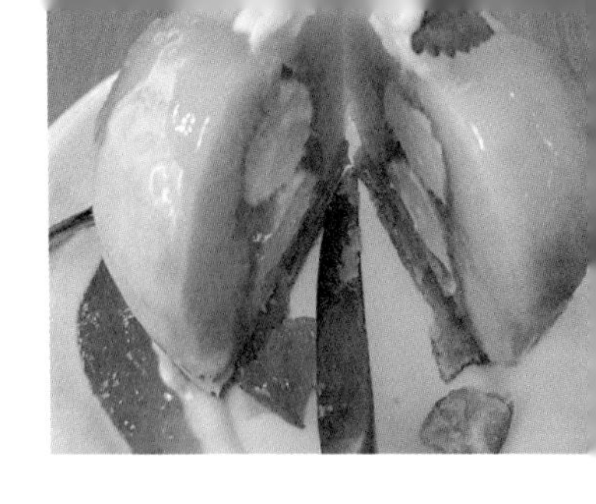

무더위, 장마 등으로 여름은 호불호가 갈릴 수 있는 계절이지만, 여름에만 열리는 각종 페스티벌, 가평 빠지에서 즐기는 여름 레포츠 그리고 복숭아가 기다리고 있다! 여름이 되면 복숭아 디저트를 선보이는 카페가 늘어나는데, 특히 최근 몇 년 새 복숭아 시즌 디저트를 선보이는 디저트 가게들이 엄청 늘었다. 복숭아 디저트의 원조라고 할 수 있는 이미커피!

디저트의 이름은 '행복'이다. 2016년부터 시작한 디저트로, 셰프님이 일본 유학 시절 맛보신 통복숭아 디저트를 새로운 방식으로 풀어냈다고 한다. 이 디저트를 만들 땐 정말 '행복'을 전하고 싶은 마음이라고!

이미커피 인스타그램을 참고하면, 타르트지 위에 복숭아 마스카포네 치즈크림을 품은 복숭아가 올라간 형태인데 복숭아에 와인절임글레이즈를 입혀 단맛이 확 느껴진다. 아래 깔려있는 백도크림, 천도복숭아잼까지 같이 긁어 먹으면, 여름의 맛을 풍성하게 느낄 수 있다. 다만 디테일한 재료는 매년 바뀌기도 하는 것 같다.

빵슐랭

POINT

드립 커피와 조화로운 디저트를 먹고 싶다면
복숭아 디저트의 절정을 경험해보고 싶다면

REVIEW

☆ ☆ ☆ ☆ ☆

빵이랑 카페라떼 VS 빵이랑 아메리카노

Q 커피가 특히 맛있었던 빵집이 있나요? 어떤 메뉴와 먹었을 때 조화로웠나요?

마포구 + 망원동

빵슐랭픽! 망고 디저트

단고당

address	서울 마포구 망원로10길3 1~2층
open	12:00~21:00(월요일 정기휴무)
check	겨울 시즌에는 딸기 메뉴 판매
instagram	@dangaotang_official
menu	망고 롤케이크, 망고 빙수(여름 시즌 한정)

여름 제철 과일하면, 더운 나라에서 많이 자라는 망고를 빼놓을 수 없다. 호텔 애플망고 빙수가 화제가 되면서 망고 디저트를 선보이는 빵집도 최근 몇 년 새 크게 늘어난 편이다. 갖가지 형태의 망고 디저트 가운데에서 맛있게 먹은 망고 디저트로 추천한다. 요즘 여러 망고 케이크 맛집들이 나오고 있는데, 그중 귀여운 비주얼을 자랑하는 망원동의 '단고당'이다.

단고당의 망고 케이크는 롤케이크 모양으로 부드러운 시트가 생망고로 둘러싸여 있다. 옆의 사진을 보면 위에 올라간 것도 다 생망고 조각이다. 시트는 아주 부드러웠고, 안에는 입에 넣는 순간 스르르 녹는 우유크림이 들어있다. 여기서 포인트는 우유크림 안에도 망고 조각이 있다는 건데, 망고 조각이 사진 상에서 보이는 것보다 훨씬 크다. 4등분해서 잘라 먹을 수 있는 크기로 먹는 내내 망고가 끊길 일이 없다는 것이다. 작은 망고 조각이 여러 개 들어가는 망고케이크들과 비교했을 때, 망고 양이 더 많다. 먹는 내내 입안 가득찬 망고로 행복감을 느낄 수 있다. 이곳의 오너셰프는 동경제과학교 화과자 양과자 전공으로 디저트를 직접 만든다고 한다.

POINT

여름 과일로 망고를 떠올린다면
정통 일본식 디저트를 경험해보고 싶다면

REVIEW

☆ ☆ ☆ ☆ ☆

딸기 케이크
VS
망고 케이크

Q **과일 빵 중에 선호하는 과일이 있나요? 그 이유는 무엇인가요?**

연남동 과일 파티로의 초대

얼스어스/연남다방

얼스어스

address	서울 마포구 성미산로150
open	12:00~21:00(화요일 정기휴무)
check	포장 예약 가능
instagram	@earth__us
menu	시즌별 변동

얼스어스 8월 시즌 디저트인 '피치 못할 8월의 우유케이크'

디저트 핫플 연남동은 과일 디저트 메뉴가 끊이질 않는다. 연남동 과일 디저트 맛집으로 '얼스어스'와 '연남다방'을 빼놓을 수 없다.

연남동 핫플로 얼스어스는 너무 유명해졌다. 계절이 바뀔 때마다 제철과일로 다양한 디저트를 만들어내는 곳으로 알려져 있는데 포장은 다회용기에만 가능하기 때문에 환경을 사랑하는 카페로도 친숙하다. 특히 8월이 되면 '피치peach 시즌'으로 복숭아 디저트를 선보인다.

그중 추천하는 것은 '피치 못할 8월의 우유케이크'이다. 얼스어스에서는 당도 11브릭스 이상 선별한 고당도 '물복'만 사용한다. 복숭아 자체가 맛있으니 디저트가 맛이 없을 수는 없다. 게다가 얼스어스의 케이크 시트는 시트 자체가 달달하면서도 엄청 폭신한 편으로 그 위에 진한 우유 크림이 뿌려져 있고, 복숭아도 적지 않게 들어 있다. 우유크림+생과일 조합을 마지막 한 입을 먹는 순간까지도 느낄 수 있는 있는 케이크이다.

또 다른 디저트로는 복숭아 안에 리코타치즈가 들어간 '피치 못할 8월의 리코타모모', 복숭아와 찰떡으로 어울리는 '피치 못할 8월의 요거트 케이크'가 있다. 워낙 맛집이라 주말에는 웨이팅이 조금 있으나, 그 시간을 기다리더라도 가볼 만한 디저트 맛집이다.

연남다방

address	서울 마포구 연희로1길36 1.5층
open	13:00~22:00(라스트오더 21:15, 연중무휴)
check	홀케이크 예약 가능
instagram	@yeonnamdabang
menu	과일 쌀케이크

연남동에는 또 다른 과일 디저트 핫플레이스 연남다방이 있다. 밀가루를 줄이려고 하는 다이어터에게도 최고로 적합한 디저트 맛집이다. 쌀로 만든 과일 케이크가 있기 때문이다. 여름에는 멜론, 복숭아, 블루베리, 무화과까지 다양한 쌀케이크를 만날 수 있다.

케이크 가장 상단에 올라가 있는 멜론 크림은 인위적인 멜론 감미료 맛이 아닌 은은하게 멜론 맛이 나는 크림이다. 케이크 시트는 밀가루 케이크에 비해 잘 부서지는 느낌은 있지만, 쌀케이크답게 폭신한 식감이 매력적이다. 가장 인상적인 부분은 첨가된 멜론의 양인데, 멜론이 생과일 형태로 다량이 있었으며, 당도도 높아 달고 맛있게 먹을 수 있다.

POINT

제로웨이스트, 노플라스틱 등 친환경 카페를 찾는다면
다양한 과일 케이크를 맛보고 싶다면

REVIEW

☆ ☆ ☆ ☆ ☆

Q 기분이 좋지 않을 때 유독 찾게 되는 빵이 있나요?

영등포구+문래동

돌아온 빵맥의 계절

베르데 문래

address	서울 영등포구 도림로139가길 5 1층
open	10:00~22:50(평일 15:30~17:00 브레이크 타임, 라스트오더 20:50, 연중무휴)
check	17:00~이후부터 디너 메뉴 이용 가능
instagram	@verde__mullae
menu	브런치 시그니처, 베르데 플래터

여름 하면 맥주를 빼놓을 수 없다. 맥주와 맛있는 브런치를 함께 즐길 수 있는 공간이 문래동에 있다! 문래동의 '베르데 문래'는 오전 10시부터 오후 4시까지는 브런치 카페로, 오후 5시부터 12시까지는 펍으로 운영된다. 빵 '안주'라는 말이 어울리는 브런치 카페 겸 펍이다. 모든 메뉴는 운영 시간 내에 언제든 먹을 수 있다.

추천하는 '빵' 안주는 바로 '연어 크림치즈 바게트'이다. '과연, 이걸 싫어하는 사람이 있을까?' 싶은 맛이다. 바게트는 딱딱하지 않고, 적당히 잘 구워졌고, 그 위에 아주 큼지막한 연어가 올라가 있다. 연어의 비릿한 맛을 잡아주는 오렌지와 채소류도 함께 토핑 되어 있다. 연어와 크림치즈의 조합도 당연히 좋은데 연어 베이글을 먹어본 적 있다

면 이미 이 조합이 꿀조합이란 걸 알고 있을 것이다. 무엇보다 맥주랑 너무 잘 어울리는 안주이어서 '빵맥' 키워드를 떠올리자마자 이 안주가 생각날 정도이다.

베르데 문래의 특별한 맥주는 바로 '코로나리타'이다. 사실 맥주보다는 칵테일로 이미 여러 곳에서 판매되고 있다. 그렇지만 연어크림치즈 바게트를 안주로 먹을 수 있는 곳은 이곳뿐!

POINT

빵을 안주로 먹고 싶은 사람이라면
문래동의 이색 카페를 가보고 싶다면

REVIEW

☆ ☆ ☆ ☆ ☆

Q 빵이랑 먹었을 때 괜찮았다고 생각하는 음료 혹은 주류가 있나요?

영등포구 · 여의도동

한여름에 알려주고 싶은 빵맥 맛집

브로트아트

address	서울 영등포구 국제금융로7길3 수정상가 1층
open	08:00~21:00(연중무휴)
check	건물 2층 매장 내 취식 가능(~20:00)
instagram	@brot.art
menu	크루아상 잠봉뵈르, 프레첼

'맥주' 하면 떠오르는 나라, 바로 독일이다. 독일 맥주를 먹을 땐? 독일 빵을 먹으면 더욱 좋을 것이다. 여의도에 위치한 독일 빵집 '브로트아트'이다.

브로트아트는 정통 독일 빵집답게 프레첼을 비롯한 독일 빵이 유명하고, 효모빵도 줄서서 먹을 정도로 인기가 많다. 전반적으로 프레첼을 응용한 빵 메뉴가 많은데 짭짤하고 고소한 만큼 맥주랑 찰떡궁합이기에 여름 메뉴로 추천하고 싶다.

브로트와트에 들어서자마자 눈에 띈 메뉴 '슈탕에(Stange) 볼'. 역시나 독일 빵으로 라우겐 프레첼을 통통하게 만든 느낌이다. 작은 크기임에도 프레첼과 맛이 굉장히 비슷했고, 브로트아트의 프레첼은 딱딱하지 않은 게 특징이다. 지나치게 질긴 느낌 없이 부드러우면서도 오리지널 프레첼 특유의 식감과 짭짤함은 살렸으며, 한입 크기로 먹기 좋아서 '빵 안주'로 안성맞춤이다.

브로트와트의 곡물 라우겐 크루아상

시그니처 메뉴 크루아상 잠봉뵈르

씨앗이 가득한 '곡물 라우겐 크루아상'은 먹는 순간부터 시원하고 탄산 가득한 맥주를 찾게 된다. 메뉴 이름에 라우겐이 붙지만 라우겐스러운 짭짤한 맛이 강하지는 않았고, 적당히 군데군데서 짭짤함이 느껴진다. 맛의 포인트는 견과류로치아씨드, 해바라기씨, 호박씨, 아마씨까지! 온갖 씨앗이 넘치게 붙어 있어서 극강의 고소함을 느낄 수 있다. 그래서 맥주랑 잘 어울리겠다는 생각이 든다. 씨앗만 따로 먹어도 맛있고, 크루아상이랑 같이 먹어도 맛있다. 크루아상 자체도 부드럽게 잘 구워졌다. 무엇보다 다른 빵집에서는 보지 못한 메뉴로 브로트아트를 간다면 꼭 먹어보자.

크루아상 잠봉뵈르는 잠봉(햄) 자체의 퀄리티가 높았고, 버터(뵈르)도 풍미 깊고 지나치게 느끼하지 않아 전체적으로 깔끔한 맛이다. 크루아상 빵만으로도 부드럽고, 위에 뿌려진 후추도 매우 인상적이다. 정말 깔끔한 식사 한 끼 식사처럼 먹을 수 있다.

POINT

맥주와 곁들일 빵을 찾는다면
정통 독일식 빵을 다양하게 맛보고 싶다면

REVIEW

☆ ☆ ☆ ☆ ☆

Q 프랑스 빵과 독일 빵 중 어떤 빵 스타일을 좋아하나요?

제주

다시 여기 바닷가~ 휴가를 떠난 너에게

마마롱

address	제주 제주시 애월읍 평화로2783 1층
open	10:30~17:00(월요일 정기휴무)
check	포장 가능, 당일 생산 판매
instagram	@mamarron_official
menu	마마롱 케이크, 생토노레

'마마롱'은 제주도에 갈 때마다 꼭 들르는 디저트 전문점이다. 서울에서 유명한 빵집들이 제주도로 옮겨 가기도 하면서 몇 년 전부터 제주는 떠오르는 빵의 성지가 되었다.

마마롱이라는 이름에 걸맞게 시그니처 메뉴는 '마마롱 케이크'이다. 케이크 시트에 생크림, 밤 조각, 밤 크림, 슈가파우더가 층층이 쌓여있다. 특히 맛있는 건 케이크 아랫부분에 있는 얇은 초콜릿 판이다. 평소 밤을 좋아한다면 추천할 메뉴이다.

생토노레는 타르트지 위에 크림과 슈를 얹은 디저트로 '여왕의 디저트'라고 불린다. 포털 사이트에 '생토노레 맛집'을 검색하면 프랑스 파리가 나올정도로 우리나라에서는 접하기 쉽지 않은 디저트이다. 하지만 이곳 마마롱에서는 맛볼 수 있다. 달지 않은 타르트지에 완전 달달한 슈, 그리고 그 위에 놓인 깃털 모양의 화이트 초콜릿까지, 맛과 비주얼을 다 잡은 디저트이다. 제주에 방문한다면 마마롱은 필수 코스로 추천하고 싶다.

POINT

프랑스 디저트 '생토노레'를 맛보고 싶다면

제주 빵지순례를 계획 중이라면

REVIEW

☆☆☆☆☆

마카롱
VS
휘낭시에

Q 서울/경기도 이외 빵지순례로 좋았던 지역은 어디인가요?

제주

여름 제주가 생각날 거야

겹겹의 의도/수애기베이커리카페

겹겹의 의도

address	제주 제주시 노형5길 11 1층
open	11:00~19:00(화, 수요일 정기휴무)
check	포장, 무료 주차 가능
instagram	@gyeob_jeju
menu	크루아상, 겹겹의 앙버터

겹겹의 의도에는 '겹겹으로 쌓아 올린 빵'들이 있다. 크루아상, 뺑오쇼콜라, 페스츄리 같이 결대로 찢어지고 겹겹으로 쌓여있는 빵을 좋아하시는 분들이 사랑할만한 곳이다. 특히 '겹겹의 의도'라는 이름에 맞게 겹겹으로 쌓이고 찢어지는 크루아상이 대표적이다.

본래 크로크무슈는 빵 사이에 소스, 햄, 치즈가 들어간 샌드위치 같은 빵이다. 겹겹의 의도에선 크로크무슈가 크루아상으로 나온다. 크루아상 사이에 하얀색 베샤멜소스를 바르고, 햄과 치즈를 넣었다. 소스가 살짝 짭짤한 느낌은 있었지만 크게 신경 쓰이는 정도는 아니다.

앙버터와 바통슈크레는 바통슈크레는 뚜레쥬르에서 '바통쉬크레'라는 이름으로 판매하는데 막대기처럼 기다란 파이에 설탕을 뿌렸고, 식감은 딱딱한데 안은 또 겹겹이 쌓여있는 빵이다. 겹겹의 의도의 앙버터는 역시나 페스츄리 앙버터! 결대로 찢어지는 페스츄리에 팥과 버터의 조합, 너무 맛있었어요. 다만 포장해서 먹으니 버터가 녹아 페스츄리 결이 살짝 눅눅해졌기 때문에 매장에서 먹는 것을 추천한다.

겹겹의 의도 크로크무슈

겹겹의 의도 앙버터와 바통슈크레

수애기베이커리카페

address	제주 서귀포시 대정읍 동일하모로98번길 48-59
open	10:00~23:00 (라스트오더 22:50, 연중무휴)
check	단체 이용 가능, 루프탑
instagram	@bakerycafe_suaggy
menu	소금빵

수애기는 돌고래를 뜻하는 제주 방언인데, 운이 좋으면 돌고래가 출몰하는 모슬포 앞바다를 보며 빵을 먹을 수 있다. 노을질 무렵도 아름답다.

이곳의 시그니처 메뉴인 소금빵을 포장해서 집에서 먹는다면 에어프라이어 180도에 2분 데우는 것을 권장한다. 매장에서 먹을 때도 데워준다. 버터 풍미가 진한 편이고, 일반적인 소금빵보다 더 기름지고 짭짤한 맛이다. 앙버터는 팥이 맛있는데, 한입 물면 맛있는 호두과자를 먹을 때 맛볼 수 있는 느낌이다.

수애기베이커리의 치즈 식빵, 소금빵, 앙버터

POINT

빵을 결대로 찢어 먹는 재미를 좋아한다면
푸른 제주 바다를 보며 빵을 먹고 싶다면

REVIEW

☆ ☆ ☆ ☆ ☆

TIP

알고 먹으면 맛있는 빵 이야기

앙버터

단짠의 최고 조합 앙버터는 버터와 팥을 함께 '앙'하고 깨물어 먹어야 해서 앙버터라고 불리는 것 같지만, 앙버터는 일본어 앙꼬의 '앙'과 버터가 합쳐져 생긴 단어이다. 팥앙금의 단맛과 버터의 짠맛이 어우러져 환상적인 단짠단짠의 조화를 맛볼 수 있다.

앙버터 빵은 주로 바게트 빵을 사용하는 것이 일반적이지만 크루아상, 치아바타, 비스킷, 프레첼 등 다양한 빵을 활용한 앙버터 빵도 내놓고 있다. 우리나라에 앙버터를 처음 들여온 곳은 '브레드05'라는 빵집인데 레시피가 그렇게 까다롭지 않고 맛있는 팥과 버터만 있으면 되니 그 뒤 여러 빵집에서도 앙버터를 출시하기 시작했다. 각 빵집마다 팥, 버터의 맛과 양이 가지각색이니 자신의 입맛에 맞는 앙버터 맛집을 찾는 재미도 있다.

단골 빵집
VS
새로운 빵집

생애 첫 빵지순례 탐방지는 어디인가요?

부산

부산 빵지순례의 시작은 이곳에서부터

허대빵/희와제과

허대빵

address	부산 부산진구 서전로37번길26 1층
open	11:00~17:00(화, 수, 목요일 정기휴무)
check	포장만 가능, 재료 소진 시 조기 마감
instagram	@heodaebbang_hdj
menu	크림치즈빵

우리나라 제2의 도시인만큼 부산 빵 맛집을 빼놓을 수 없다. '부산' 하면 떠오르는 빵집 허대빵과 희와제과는 도보로 이동 가능한 거리에 있다.

허대빵은 얇은 빵피가 특징적이다. 그 안에는 마치 만두 속재료처럼 채워져 있는데 쫀득한 식감으로 유명한 빵집이다. 이곳이 유명해진 이유는 피자 도우처럼 쫄깃하게늘어나면서 찢어지는 얇은 빵피에 있다. 팥뿐만 아니라 황치즈나 각종 재료가 들어간 크림치즈로 채운 것이 포인트이다.

'밤팥통실이'는 밤과 팥이 금방이라도 쏟아질 것처럼 가득 들어가 있다. 팥이 달지 않은 저당 팥으로 만들어 건강한 맛이다. 오히려 단팥이 아니어서 물리지 않게 먹을 수 있다.

황치즈와 크림치즈가 반반씩 들어간 '황치즈크치빵'은 황치즈의 꼬릿한 맛과 크림치즈의 진한 맛이 잘 어우러진다. 크치빵 역시 빵피가 굉장히 얇다. 자칫 느끼할 수 있는 치즈인데도 먹는 내내 물리지가 않는다.

허대빵의 '밤팥통실이'

마마롱의 생토노레

희와제과

address	부산 부산진구 전포대로246번길6 1층
open	07:00~19:00(화, 수요일 정기휴무/매달 마지막주 월요일 휴무)
check	포장만 가능
instagram	@hwa.bread
menu	밤팥빵, 비스킷

희와제과는 부산 빵지순례의 시작이자 전설이라 할 수 있다. 밤팥빵 같은 할매입맛 메뉴부터 다양한 휘낭시에들이 가득하다.

희와제과의 팥크림치즈비스킷

비스킷은 시그니처 메뉴 중 하나인데 종류가 다양하다. 그중 팥이 들어간 팥크림치즈비스킷은 과자 부분은 맛있는 타르트 밑바닥을 먹는 것 같고, 그 사이에 아주 진한 크림치즈와 적당량의 팥이 들어있어 조화롭다. 전체적으로 치즈맛이 더 강한 편인데 한입 베어 물면 그 중간에 팥의 달달함을 기분 좋게 느낄 수 있다.

POINT

황치즈의 진한 맛을 느껴보고 싶다면

웨이팅을 기다릴 수 있다면

REVIEW

☆ ☆ ☆ ☆ ☆

Q

가봤던 빵집 TOP3 시그니처 메뉴를 적어보세요. 선정한 이유는 무엇인가요?

부산

작지만 빵으로 가득찬 세상

초량온당

address	부산 동구 초량중로135
open	12:00~19:00(일, 월요일 정기휴무)
check	포장만 가능
instagram	@choryang_ondang
menu	맘모스, 버터바, 소금빵

초량온당의 황치즈콘크럼블

부산 최고의 빵집을 꼽으라면 이곳 '초량온당'이다. 초량온당은 부산 초량역 근처에 위치한 작은 빵집으로, 아무거나 골라도 맛있다. 그만큼 웨이팅을 감안하고 방문해야 한다.

황치즈 종류의 빵이 다양하다. 황치즈가 들어간 맘모스, 꾸덕바 등이 있는데 느끼하지 않고 담백하다. 황치즈콘크럼블은 리뉴얼되어 판매되고 있다. 바삭바삭한 크럼블이 아낌없이 올라가 있고, 그 밑에 진한 맛의 황치즈 무스가 깔려있다.

무엇보다 '초량온당'은 바닥면이 바삭한 '정석' 소금빵 맛집이다. 소금빵을 좋아하는 사람들이 하는 일은 바닥을 꼭 한 번 두드려 보는 것인데 톡톡 소리가 나면 바삭하게 먹을 수 있겠다는 기대감이 생긴다. 초량온당의 소금빵이 그러한 면에서 정석 소금빵이라고 할 수 있다.

이밖에 우유 크림이 가득 들어간 소금우유크림빵도 맛있다.

맘모스도 빼놓을 수 없다. '빙수맘모스'이다. 적당히 달달하고도 팥알이 살아있는 통팥이 아주 가득 들어있다. 크림에 완두팥, 고소한 크럼블까지 더해진 맘모스이다. 팥과 완두팥, 크림이 들어갔다는 점에서 우리가 흔히 접한 맘모스빵과 비슷하지만 빵을 들기만 해도 묵직함이 느껴질 정도로 재료가 알차게 들어있다.

초량온당의 시그니처 메뉴 중 하나인 빙수맘모스

POINT

황치즈, 크럼블 마니아라면

부산 빵지순례를 계획하고 있다면

REVIEW

☆ ☆ ☆ ☆ ☆

Q 꼭 한 번 가보고 싶은 빵집이 있나요?

포항

뚱카롱으로 유튜브를 휩쓸었던 그곳

스쿱당

address	경북 포항시 북구 중흥로309번길 22(포항점)
open	11:00~18:30
check	포장만 가능
instagram	@the__scoop
menu	뚱카롱

스쿱당은 '뚱카롱'으로 유튜브를 휩쓸었던 곳으로 포항에 위치한다. 뚱카롱의 인기가 예전보다는 시들해졌다고 하지만 그래도 뚱카롱하면 이곳만한 곳이 없다. 그만큼 빵순이 빵돌이들의 '필수' 성지이기도 하다.

시그니처인 순수당과 할매입맛을 위한 꼬숩당, 그리고 요거당과 쪼꼬당을 추천한다. 전체적인 평은 살면서 먹어본 뚱카롱 중 '꼬끄'가 가장 쫀득하다는 것이다. 꼬끄는 마카롱의 겉표면을 말하는데 보통 뚱카롱 맛집과 꼬끄가 쫀득하기로 소문난 맛집도 종류에 따라 천자만별이었지만 스쿱당은 맛에 상관없이 어떤 마카롱이든 그 식감이 균일하다. 더불어 필링이 아주 많이 들어있는데도 느끼하지 않다.

위 사진의 왼쪽부터 요거당-순수당-꼬숩당-쪼꼬당이다. 먹어보지 않아도 맛이 상상된다. 요거당은 딸기와 요거트 크림의 조화가 상큼한 필링이 가득하다. 순수당은 바닐라크림, 바닐라 우유크림 맛이 아주 진하게 느껴진다. 꼬숩당은 먹는 순간 '인절미다!' 싶을 정도로 고소한 맛이 퍼진다. 할매입맛 빵순이들의 취향저격 마카롱. 쪼꼬당은 달지 않지만 깊고 진한 카카오 풍미가 느껴지는 맛이다.

POINT

쫀득한 식감의 뚱카롱을 맛보고 싶다면
포항에 갈 기회가 있다면, 무조건!

REVIEW

☆ ☆ ☆ ☆ ☆

마카롱 Macaron

마카롱은 달걀 흰자에 설탕을 섞어 거품을 내어 만든 머랭과 아몬드 가루를 넣어 만든 디저트이다. 많은 사람들이 마카롱을 프랑스 과자라고 알고 있지만 사실은 이탈리아 '마카로네'에서 시작되었다. '마카로네'라는 단어는 '반죽을 치다, 두드리다'라는 의미이다. 16세기 이탈리아 메디치 가문의 카트린느 공주가 프랑스왕 앙리 2세와 결혼하면서 피렌체 출신의 요리사들을 데려왔는데 이때 마카로네가 프랑스에 전해지면서 프랑스의 대표 디저트가 되었다고 한다.

원래 초기의 마카롱은 꼬끄가 두 겹이 아닌 한 겹이다. 맛도 그렇게 다양하지 않았다. 요즘과 같은 형태는 20세기 초 프랑스 요리사 루이 라뒤레의 손자인 피에르 데퐁 탠이 두 개의 꼬끄 사이에 가나슈를 넣으면서 탄생했다. 프랑스 파리에서 가장 유명한 디저트 가게인 '라뒤레'가 바로 이 루이 라뒤레가 만든 가게이다.50년의 전통을 자랑하며 파리에서 한 번쯤 가봐야 하는 장소로 꼽히고 있다. 우리나라에서는 신세계 백화점 강남점에 입점하면서 더 유명해졌다. 하지만 인테리어부터 모든 식재료를 프랑스에서 직접 공수해오다보니 예산이 맞지 않았고, 3년 전 사업을 접어 지금은 우리나라에서는 볼 수 없다. 추천하는 마카롱 맛집은 연남동의 아망디네, 가로수길의 쿠키시스터즈.

Q 빵 때문에 최대 얼마까지 사용해봤나요?

용산구 · 이태원동

힘들 때마다 생각나는 소울푸드 빵

키에리

address	서울 용산구 이태원로26길 16-8
open	13:00~20:00(수, 목요일 ~19:00, 연중무휴)
check	노키즈존, 시간 제한 있음
instagram	@kyeri_official
menu	조각 케이크

'키에리'는 서울 최고의 케이크 맛집으로 꼽는 곳으로 그만큼 생일 케이크를 많이 사러 가기도 한다. 이곳 케이크를 먹고 나면 기분이 좋아지는 경험을 하기 때문이다.

매장 이용 시 몇 가지 제한이 있다. 무엇보다 정말 소곤소곤 작게 말하는 게 매장 규칙이라 조금만 목소리가 커지면 제재를 받을 수 있다. 매장 내 이용 시간 제한도 있다. 주말에는 웨이팅이 엄청나다. 게다가 노키즈존이다. 하지만 키에리의 케이크를 맛보면 너무 맛있어서 또 찾아갈 수밖에 없을 것이다.

버터 없이, 설탕은 최대한 적게, 그리고 인공 첨가물 없이 건강하게 케이크를 만드는 가게로 쌀케이크류도 많은 편이다. 키에리의 시그니처인 치즈케이크류는 밑판만 밀가루를 쓴다.

이름에서 케이크에 사용된 재료를 알 수가 있는데 'Mulberry Cheesecake & Rhubarb Carrant' 케이크는 쑥 느낌이 나는 뽕나무(Mulberry) 케이크에 콤포트로 루바브(Rhubarb)를 얹은 것으로 상큼한 맛이 난다. 참고로 루바브는 그 맛 때문에 케이크 원료뿐만 아니라 잼으로도 사용된다고 한다.

키에리에서 스테디셀러이자 시그니처 메뉴인 고구마 치즈 케이크는 꾸덕한 치즈케이크 부분과 고구마가 조화롭게 느껴지는데, 고구마는 마치 통으로 먹는 듯하다. 이밖에 '떠 먹는 케이크', 일명 '떠먹케' 메뉴도 있는데 '피스타치오 피그 트리플 케이크'를 추천한다. 전체적으로는 피스타치오 맛이 확 느껴지는 케이크 시트에 직접 만든 바닐라 크림, 크럼블까지 얹혀져 있는 매력적인 케이크이다.

POINT

건강한 케이크를 맛보고 싶다면
엄격한 매장 규칙도 괜찮다면

빵지순례 투어일
20 . .

REVIEW

☆☆☆☆☆

Q 생일에 특별하게 나를 위해 선물하고 싶은 케이크가 있나요? 맛이 어떤가요?

 ESSAY

빵슐랭 취준 시절을 다독여준 최애 빵집

빵슐랭 가이드 뉴스레터의 슬로건은 '빵 덕후 현직기자가 쓰는 빵집 큐레이팅 뉴스레터'이다. 슬로건에도 있는 기자는 본업인데, 가끔 친구들에게도 이야기 하는 인생의 암흑기(?) 언론고시 시절이 있었다.

그때도 빵을 좋아했는데, 자존감이 우수수 떨어지던 그 시기를 버티게 해줬던 빵집이 있다. 제과명장이 운영하는 '서울 5대 빵집' 아띠85도씨베이커리이다.

사람 입맛은 잘 변하지 않는 것 같다. 그때도 팥을 좋아해서 아띠85도씨에 가면 고르는 것 역시 '팥 깜빠뉴'였다. 고소하고 바삭한 깜빠뉴에 팥이 얼마나 많이 들어있던지! 썰어달라고 하면 썰어주는데, 썰 때 팥이 흘러넘치는 모습에 행복해하곤 했다.

또 추천하고 싶은 빵은 '무화과 프로마쥬'이다. 사이즈가 작지만 은근히 무게감이 있는 묵직한 빵이다. 커다란 건무화과 조각 5개가 올라가고, 크림치즈가 빵 속을 꽉 채우고 있다. 호박씨와 해바라기씨까지 군데군데 알차게 들어있어서 먹는 순간 만족감이 엄청 큰 빵이다. 팥 깜빠뉴와 무화과 프로마쥬, 이 두 빵은 암흑기 취준 시절을 버티게 했던 힘이었다.

아띠85도씨 베이커리

address	서울 관악구 쑥고개로 137
open	08:00~23:00(연중무휴)
check	유기농 밀가루 사용, 당일 생산 및 판매, 시간대별 빵 제공,
	포장만 가능
menu	아띠샌드, 소금빵

중구+명동

파티시에가 매일 만드는 케이크

크림시크

address	서울 중구 명동7길13 1층
open	09:30~22:50(토, 일요일 09:00~23:00, 연중무휴)
check	매장 내 취식 가능
instagram	@creamchic_seoul
menu	프레지에

가을 제철 재료 하면 과일 중에선 무화과가 제일 먼저 떠오른다. 가을이 되면 무화과 한 박스를 사서 쟁여두고 먹을 정도로 무화과 킬러인 사람들을 위한 빵집, '크림시크'이다.

무화과는 칼로리가 낮은 과일에 속해서 다이어터에게도 너무 좋은 과일인데, 몇 년 전부터 디저트 가게에서도 가을이면 무화과를 활용한 디저트가 유행하고 있다.

크림시크는 프랜차이즈 가게가 즐비한 명동에서 마음을 사로잡기에 충분하다. 무화과 프레지에는 폭신한 케이크 시트에 피스타치오 무스와 생크림, 그리고 무화과가 가득 올라가 있는 디저트로 빵 사이사이에도 무화과가 들어가 있어서 먹는 내내 무화과를 즐길 수 있다. 특히 피스타치오 무스 부분은 피스타치오의 고소함이 그대로 담겨 있었고, 무화과의 맛도 살려준다. 크림시크의 프레지에는 시즌별로 딸기, 체리, 무화과 등 과일이 바뀐다고 한다. 가격은 9,000원으로 다소 비싼 편이지만 그만큼 재료를 아끼지 않는다 .

POINT

커피와 디저트, 공간까지 모두 포기할 수 없다면
제철 과일을 넣은 프레지에를 맛보고 싶다면

REVIEW

☆ ☆ ☆ ☆ ☆

떠먹는 케이크

VS

조각 케이크

Q 종류 상관없이 '인생 빵'으로 한 가지만 꼽는다면 어떤 것인가요?

경기도 + 일산

유기농 프리미엄 케이크

금손과자점

address	경기 고양시 일산동구 일산로372번길 38-1
open	12:00~20:00(금, 토, 일요일 11:00~21:00, 화요일 정기휴무)
check	케이크 전문점, 홀케이크 예약 판매, 휴무 별도 공지
instagram	@goldhands_cake2
menu	금실 딸기케이크(시즌 한정), 티라미수

일산 풍산역 근처 '밤리단길'에는 맛있는 디저트 가게들이 정말 많다. 그중에서도 금손으로 디저트를 만들 것 같은 금손과자점을 소개한다.

금손과자점을 직역한 '골드핸즈' 간판이 눈에 띄는 이곳의 가을 디저트는 '무화과 애플티 케이크'로 무화과+얼그레이 조합이나 무화과+피스타치오 조합을 볼 수 있는데 사과맛 크림은 애플파이에 들어갈 것 같은 애플콩포트 맛이 은은하게 나는 크림으로 무화과를 상큼하게 감싸며 달지 않게 먹을 수 있다. 무화과도 위에 꽤 많이 올라가 있고, 안에도 쏙쏙 박혀 있어서 재료가 풍성하다는 생각이 든다.

특히 유명한 것은 금실 딸기를 가득 넣어 만든 딸기케이크다. 참고로 금실은 딸기 중에서도 프리미엄 딸기를 의미한다. 시즌 한정 메뉴로 크리스마스 시즌에는 예약이 일찌감치 마감되니 서두르는 것이 좋다. 참고로 풍산역 근처 골드핸즈 1호점도 있는데 동경제과출신 파티시에가 직접 만든다.

빵슐랭

POINT

일산의 케이크 맛집을 찾는다면
유기농 케이크를 맛보고 싶다면

REVIEW

☆ ☆ ☆ ☆ ☆

'빵' 밸런스 게임

주문 제작 케이크 VS 기성품 케이크

Q 특별한 날 선물해주고 싶은 케이크가 있나요?

가을은 밤의 계절이잖아

따로집

address	서울 마포구 독막로4 2층
open	11:00~24:00(17:00~ 디너, 연중무휴)
check	유료 주차, 캐치테이블 예약 가능
instagram	@ddaro_zip
menu	몽블랑, 티라미수

가을은 밤의 계절인 만큼 밤으로 만든 디저트는 먹을 수 있는 만큼 다 먹어봐야 한다. 합정역에 위치한 '따로집'은 본래 브런치 가게이다. 정확히는 낮에는 브런치 가게로, 밤에는 전통주 전문 바로 운영되는 공간으로, 디저트가 맛있어서 추천하고 싶은 곳이다.

따로집의 시그니처인 몽블랑은 타르트지의 일종인 파트슈크레에 머랭을 올리고, 머랭을 밤크림으로 덮은 디저트이다. 파트슈크레는 타르트지 중에서도 설탕 함량이 높고, 식감이 얇은 쿠키 같은 게 특징인데 이 파트슈크레 위에 바삭하게 씹히는 머랭이 올라가 있어서 포크로 먹기는 조금 힘들지만, 무엇보다 머랭+밤크림+보늬밤 조합은 쉽게 접할 수 없는 재료의 조합이라 이색적으로 느껴진다. 달게 조린 보늬밤이 겉에만 올라가 있는 줄 알았는데 안에도 들어있어서 밤 맛을 풍성하게 느낄 수 있을 것이다.

POINT

이색 카페 공간을 찾는다면

REVIEW

☆ ☆ ☆ ☆ ☆

식사빵
VS
디저트빵

Q

크림이 있는 빵과 그렇지 않은 빵 중 어떤 것을 더 선호하나요?

보늬밤에 흠뻑빠진 케이크

콘웨이커피

address	서울 중구 다산로11길 13 복장문화회관 1층
open	08:30~22:00(토, 일요일 11:30~22:00)
check	로스터리 카페, 글루텐프리 메뉴
instagram	@conway_coffee
menu	케이크, 버터바

보늬는 겉껍질이 있는 나무 열매 속 얇은 속껍질을 의미하는데, 보늬밤은 속껍질째 먹는 밤이라고 생각하면 된다. 보통은 조림으로 만들어 먹지만, 이곳 '콘웨이커피'에서는 케이크로 맛볼 수 있다.

파운드케이크 느낌의 시트는 카스테라처럼 부드러운데 그 안에 속껍질까지 제거된 밤이 거의 덩어리째 박혀있다. 고소한 밤 크림이 올라가 있는데 밤 맛이 아주 진하게 느껴지지는 않지만 적당히 달달한 맛의 크림이다. 그리고 그 위에 보늬밤에 통째로 얹혀 있다. 피스 하나의 크기가 작은 편은 아닌데 밤까지 가득하니 먹고나면 든든해지는 기분이 든다.

갖가지 케이크류와 함께 카스테라 스타일의 부드러운 소금빵, 쪽파 크림치즈 소금빵과 같은 베이커리류, 구움과자 등 다양한 메뉴가 있다.

약수역 1~2분 거리의 골목에 위치해 있는데 카페 분위기를 함께 먹는 기분이 들 정도로 좋다.

POINT

신당동에서 카페, 빵집을 찾는다면
가을 시즌 디저트를 즐기고 싶다면

REVIEW

☆☆☆☆☆

결대로 찢어지는 빵
VS
겹겹이 쌓인 빵

Q **빵 나오는 시간에 맞춰 빵집을 방문해 본 적이 있나요? 어떤 빵 때문이었나요?**

송파구+송파동

글루텐프리, 맘껏 먹어도 됨

카페 페퍼

address	서울 송파구 백제고분로 45길12 2층
open	12:00~21:00(연중무휴)
check	글루텐프리 디저트
instagram	@cafe_pepper
menu	글루텐프리 케이크

가을의 재철 재료 중 하나는 '밤'이다. 밤 디저트로 밀가루가 들어가지 않은 '글루텐프리' 디저트로 이미 유명한 송파구 송리단길의 '카페페퍼'이다.

밀가루를 넣지 않은 글루텐프리 빵집 중에 가장 추천하는 곳이다. 밀가루를 넣지 않고도 이런 맛을 만들 수 있다는 것 자체가 놀랍게 느껴진다. 카라멜케이크와 유자 흑임자 케이크, 호지차 몽블랑 케이크 등이 있는데, 볶은 녹찻잎인 호지차를 활용한 케이크가 가을에 어울린다.

카페 페퍼의 몽블랑 케이크는 은은한 밤맛에 달달함이 더해진 밤크림이 얹어져 있다. 아래 케이크에는 비교적 가벼운 크림이 가득하다.

카페 페퍼의 몽블랑 케이크

크림이 폭신하니 식감이 가벼우면서도 맛은 달달한데 바닐라빈이 들어간 크림이기 때문이다. 호지차 가루를 듬뿍 넣은 빵시트까지 조화롭다.

POINT

밀가루를 넣지 않은 디저트를 선호한다면

계절별 다양한 디저트를 맛보고 싶다면

REVIEW

☆ ☆ ☆ ☆ ☆

Q 빵 재료로 흑임자와 인절미 중 선택한다면 무엇을 택할 것인가요? 이밖에 좋아하는 할미입맛 재료가 있나요?

마포구 + 상수동

피스타치오와 딸기의 만남

데코아발림

address	서울 마포구 독막로15길 13-6(본점)
open	10:00~21:30(토요일 ~22:30, 화요일 정기휴무)
check	여름 시즌 한정 스무디, 에이드
instagram	@decoa_balim
menu	레몬 타르트, 딸기 치즈 타르트, 얼그레이 케이크

모든 디저트가 맛있지만, 그중에서도 딸기를 활용한 디저트가 맛있는 데코아발림이 그 주인공이다. 이곳의 디저트 중 소개하고 싶은 건 레몬 머랭 타르트다. 그리고 겨울 시즌에는 딸기 치즈 타르트가 있다.

딸기 치즈 타르트에는 어디서 공수해 왔는지 궁금할 정도로 딸기가 알차게 가득 올려져 있다. 포인트는 딸기 위에 올라가는 피스타치오이다. 설탕 코팅된 딸기는 한 입 베어 물었을 때 즙이 나올 정도로 알차고 달달한데, 고소한 피스타치오가 달달함을 중화시킨다. 또 밑에 깔린 치즈 타르트는 크림치즈 고유의 맛이 잘 느껴지면서도 느끼하지는 않은 맛이다. 데코아발림은 타르트지 부분까지 맛있기 때문에 절대 선택을 후회 하지 않을 디저트이다.

POINT

상수동에서 조용히 케이크를 즐기고 싶다면
한 자리를 오래 지킨 디저트 맛집이 궁금하다면

REVIEW

☆ ☆ ☆ ☆ ☆

타르트 Tart

우리가 평소에 사용하는 '빵'이라는 단어가 포르투갈어 'Pao(파오)'에서 유래한 것은 알고 있을 것이다. 빵이라는 단어가 포르투갈어에서 영향을 받은 것처럼 포르투갈이 세계적으로 전파시킨 빵이 있는데, 바로 '타르트(Tart)'이다.

과거 포르투갈의 식민지 전쟁이 한창일 당시, 포르투갈인들이 타르트를 곳곳에 전파하면서 마카오와 홍콩에서 오늘날의 에그타르트가 탄생했다. 포르투갈의 식민지 마카오에서 인기 있던 에그타르트가 홍콩으로 전해진 것이다. 중국으로 반환되기 전 홍콩의 마지막 총독 크리스 패튼이 에그타르트의 맛을 잊지 못해 영국으로 돌아가서도 찾아 먹었다는 일화가 있다.

홍콩식 타르트와 마카오식 타르트에는 약간 차이가 있는데 홍콩식 에그타르트는 타르트 도우를 사용하기 때문에 쿠키의 식감이 강한 반면, 마카오식 에그타르트는 페스츄리 도우를 사용 하기 때문에 부드러운 식감을 가지고 있다. 마카오식 에그타르트가 원래의 포르투갈의 타르트와 비슷한 편이다.

반면 프랑스식 타르트는 '타탱(Tatin)'에서 찾아볼 수 있다. 타탱은 '타탱 자매(Tartin)'가 만들어서 붙여진 이름이라고 하는데 자매가 애플파이를 만들던 중 실수로 오븐에 파이를 뒤집어 넣었다가 손님에게 내놓았는데 뜻밖에 반응이 좋아서 지금까지 사랑받고 있다.

Q **케이크, 타르트, 구움과자 등 디저트류 중에 가장 좋아하는 것은 무엇인가요?**

마포구 · 동교동

오리지널 미국식 파이가 궁금하다면

피스피스

address	서울 마포구 동교로51길 91(연남점)
open	12:00~21:00(연중무휴)
check	정발산점, 출판단지점, 남양주점, 더현대서울점
instagram	@peacepiece_yeonnam
menu	펌킨파이

'할매입맛'은 인절미, 쑥, 팥, 단호박, 흑임자 등 옛날부터 있었던 우리나라 고유의 재료들을 사랑하는 입맛을 일컫는 귀여운 표현이다. 빵슐랭은 본투비 할매입맛으로 어렸을 때부터 팥을 정말 좋아했고, 쑥, 흑임자, 인절미, 단호박이 들어간 빵들도 좋아한다. 그 입맛을 충족시켜주는 곳이 '피스피스'이다.

일산의 정발선점이 본점으로 피스피스는 '한 조각의 파이가 주는 마음의 평화(Piece of pie, Peace of mind)'를 내세워 미국식 정통 파이를 만들어 파는 곳이다. 일산의 정발산점이 본점으로 유명세를 타고 연남점도 생겼고, 마켓컬리에도 입점했다. 다양한 파이 종류 중에서도 선택하라면 단연 펌킨(호박)파이!

파이지(밑판)는 담백하지만 겹겹이 살아있는 페스츄리로 만들었다. 그 위에 단호박 향이 짙게 나는 무스, 달콤함을 얹은 크림으로 이루어져 있다. 사계절 언제나 할로윈을 느낄 수 있는 맛이다.

애플파이, 라임파이, 바나나크림파이, 피스초코파이, 블랙티크림파이 등 다양한 파이 종류를 맛볼 수 있으며 홀파이도 사전 예약하면 포장 가능하다. 서울 1곳, 경기도권 3곳의 지점이 있다.

빵슐랭

POINT

미국식 정통 파이를 즐기고 싶다면
애플파이가 전부인 줄 알았다면

REVIEW

☆ ☆ ☆ ☆ ☆

빵지순례 투어일
20 . .

'빵' 밸런스 게임

미국에서 베이글 VS 파리에서 바게트

Q 하루 세 끼를 모두 빵으로 먹은 적이 있나요? 어떤 빵들을 먹었나요?

경기도+안양

건강 가득, 일명 건담빵집

우리밀빵꿈터 건강담은

address	경기 안양시 동안구 동편로184번길 9-6
open	10:00~17:00(일, 월요일 정기휴무)
check	온라인 스토어 주문, 포장만 가능
instagram	@gundambread
menu	밤콩밤콩, 단단이

단호박빵의 이름은 '단호박 스콘엔 단호박 크림치즈를 넣어야지 이 사람아'로, 줄여서 '단단이'라고 불린다. 안양에서 익히 알려진 빵 맛집 '우리밀방꿈터 건강담은(일명 건담빵집)'의 시그니처 메뉴이다. 팥이 들어간 앙깜깜 빵도 훌륭하지만, 단호박 크림치즈가 꾹꾹 눌려 담긴 단단이 역시 진리이다. 이름처럼 겉 부분은 단단해서 먹는 맛이 있다. 이런 속재료 가득한 빵은 건담빵집이 제일이다. 달지 않은 건강한 맛인데, 그도 그럴 것이 두유와 통밀, 국산 단호박가루로 만들었다고 한다.

건담빵집의 또 다른 시그니처 메뉴인 '밤콩밤콩'도 할매입맛에게 최적화된 빵이다. 깊은 인절미 맛, 떡과 같은 식감의 쫄깃한 빵피, 안에 들어간 크림치즈 맛은 아주 진하다.

치즈맛이 진함에도 느끼하지 않은 이유는 겉부분에 잔뜩 묻어있는 인절미 가루 덕분이다. 이에 더해 밤과 콩이 엄청나게 쏟아지기 때문에 할매입맛+크림치즈 덕후라면 반드시 먹어봐야 할 빵이다.

POINT

우리밀로 만든 소화가 잘 되는 빵을 찾는다면
3無(버터, 우유, 계란)의 담백한 빵을 먹고 싶다면

REVIEW

☆ ☆ ☆ ☆ ☆

빵지순례
투어일
20 . .

Q 팥, 쑥, 바닐라, 말차, 인절미, 흑임자 중 어떤 재료를 좋아하나요? 어떤 스타일의 빵으로 먹었을 때 맛있게 느껴지던가요?

마포구+망원동

추억의 맘모스빵을 기억한다면

어글리베이커리

address	서울 마포구 월드컵로13길73 1층
open	12:00~21:00(월, 화요일 정기휴무)
check	테이크아웃만 가능
instagram	@uglybakery
menu	맘모스

빵슐랭이 직접 지은 맘모스 이름 '팥 없어도 울지 말차'

'어글리베이커리'는 개인적으로 우스블랑만큼 좋아하는 인생 빵집이다. 모든 빵 메뉴를 추천하지만 고르게 인기가 많아서 이제는 웨이팅 없이는 구매하기가 어렵다. 특히 쑥, 밤 등 할매입맛의 취향이라면 그 재료를 활용한 빵들을 맛볼 수 있다.

어글리베이커리는 이런 맘모스가 대부분이다. 팥이나 구황작물이 맘모스 속재료로 가득 들어있어서 먹는 재미가 있다. 그날그날 메뉴가 바뀌는데 요즘엔 잘 나오지 않는 메뉴이지만, 빵슐랭이 직접 지은 이름의 맘모스도 있다. 팥이 들어가지 않은 말차 맘모스인데 '팥 없어도 울지 말차'이다.

팥 없어도 울지 말차는 팥 없이 못 사는 팥 러버인 빵슐랭 입장에서 지었다. 팥 덕후들이 빵에 팥이 들어가지 않아도 울 일이 없을 정도로 말차가 그 느낌을 대신해준다. 이 메뉴의 특징은 말차 가나슈와 과자 녹차 오레오를 섞은 듯한 맛이 특징적이다. 꼭 이 빵이 아니더라도

감동의 뽀또 맘모스

이곳에서 파는 맘모스는 모두 맛있으니 언제나 강력 추천이다. '감동의 뽀또 맘모스'은 할매입맛 메뉴는 아니지만 황치즈 덕후에게 권한다. 어글리 베이커리는 항상 재료들이 차고 넘쳐서 비주얼만 보면 맛이 과할 것 같다는 생각이 드는데, 막상 먹어보면 재료맛이 진하면서도 과하지 않게 녹아들기 때문에 특별하다. 뽀또 맘모스도 딱 그런 맛! 크림치즈에 진짜 치즈에 뽀또까지 들어가서 치즈맛이 넘치고 넘치지만, 약간의 부담스러움을 견과류가 잡아줘서 느끼하지 않은 맛입니다.

POINT

'할매입맛'이라고 생각하는 사람이라면
맘모스빵의 추억을 느끼고 싶다면

REVIEW

☆ ☆ ☆ ☆ ☆

TIP

알고 먹으면 맛있는 빵 이야기

맘모스빵

맘모스빵은 우리들의 추억의 간식으로 더욱 기억된다. 식빵으로 샌드위치를 만드는 것처럼 소보루빵을 샌드위치처럼 겹쳐 만든 맘모스빵은 옛날부터 사랑 받아온 빵이다. 맘모스빵 안에는 잼이나 크림, 밤 등 환상의 조합으로 구성되어 있어서 쫀득하면서도 달콤한 맛을 낸다. 맘모스란 이름에 걸맞게 사이즈도 큰 편이다.

맘모스빵은 경북 안동에 위치한 맘모스 베이커리에서 만든 빵이 인기를 끌면서 맘모스빵이라고 불리게 되었다고 한다. 45년이라는 전통을 자랑하는 맘모스 베이커리는 45년이 미쉐린 가이드에 소개되면서 유명해졌다. 맘모스 베이커리에는 맘모스빵도 인기가 많지만 유자 파운드와 크림치즈 빵도 대표 메뉴이다.

서울의 맘모스빵으로 아주 유명한 빵집이 있다. 바로 낙성대역에 위치한 '장블랑제리'이다. 장블랑제리에는 항상 빵을 사려는 사람들이 많아서 웨이팅 줄이 있다. 또 맘모스빵이 나오는 시간이 정해져 있는데 오전 10시, 오후 2시, 오후 3시 반, 오후 4시 반, 오후 6시, 오후 7시 반 이렇게 총 하루에 6번만 나온다. 1인당 구매 수량이 2개로 제한되어 있다. 장블랑제리는 맘모스빵 말고도 단팥빵도 엄청 유명한데, 서울역 롯데마트에도 입점해 있다.

'빵' 밸런스 게임

단팥빵
VS
소보루빵

Q 꾸덕한 식감을 좋아하나요? 그렇다면 황치즈와 쑥 중 어떤 것을 선호하나요?

 ESSAY

빵 좋아하는 사람들은 모두 착해

포털 사이트에서 뉴스를 읽을 때 댓글을 보면 어떤 생각이 들까? 실제로 뉴스 댓글과 관련한 통계에서는 상당수 사람들이 기사에 달린 댓글을 보고 불쾌한 감정을 느낀다고 응답했다.

기자 생활을 하다 보면 내가 쓴 기사에 달리는 댓글들을 접하게 된다. 가짜 뉴스나 과장된 내용도 아닌데, 자신이 원하는 소식이 아니라는 이유로 날선 댓글을 다는 사람들이 생각보다 많다. 뉴스 기사를 읽으며 댓글을 다는 사람은 극소수란 것을 알면서도, 극소수의 의견일뿐이라고 생각하면서도 가끔은 속상할 때가 있다. 그럴 때마다 뉴스레터 '빵슐랭 가이드' 독자의 피드백 메일로 많은 위안을 얻곤 했다. 빵슐랭 뉴스레터를 쓰는 4년 동안 사랑스러운 편지를 많이 받았다.

출근하던 어느 월요일 아침에 한 인스타그램 메시지를 받았다. 보낸 사람은 빵슐랭 가이드에 나온 빵집은 꼭 지도에 담아 두는 독자라고 본인을 소개하였다. 한창 다이어트 중일 때도 빵슐랭 가이드에 나오는 건강빵 리뷰를 보고 건강한 빵순이 라이프를 즐길 수 있게 되었다는 말도 덧붙였다. 그리고 자신이 좋아하던 또 다른 뉴스레터가 서비스를 종료했다면서 '빵슐랭도 언젠가 사라지면 어떡하지'하는 생각이 들었다고 했다. 빵슐랭 가이드가 독자의 일상에 함께 하고 있었다는 느낌이 들어 마음이 따뜻해졌다.

이렇게 보기만 해도 마음이 따뜻해지는 내용의 메일이나 메세지를 받으면서 '빵 좋아하는 사람들은 다들 이렇게 착한가?'라는 생각을 절로 하게 되었다. 개그우먼 이영자님이 한 프로그램에서 "빵 좋아하는 사람들은 착한 것 같아. 선하고"라고 한 장면이 짤로 돌아다니는데, 한동안 내 카카오톡 프로필 배경화면이기도 했다.

중구+다동

크리스마스 케이크, 결정 못하셨다고요?

아방베이커리

address	서울 중구 남대문로125 1층(을지로 DGB점)
open	07:00~21:00(연중무휴)
check	서울숲점, 역삼점, 센터필드점, 퍼블릭가산점, 과천비상교육점, 판교카카오점
instagram	@avant_bakery
menu	마스카포네 크루아상, 크루아상 샌드위치

빌딩 숲이 즐비한 을지로에서 단호박 바스크 치즈케이크를 맛보고 싶다면 '아방베이커리'에 들러보자.

이곳의 베스트 메뉴는 단호박 바스크 치즈 케이크로 단호박이 통으로 씹히는데다, 진한 단호박 무스가 입에서 녹는 느낌이다. 단호박이 통으로 씹히는 케이크는 흔치 않아서 단호박 맛을 온전히 느끼고 싶은 사람들에게 추천한다.

두툼하고 아끼지 않고 토핑을 올린 르뱅쿠키, 크루아상과 쿠키의 이색 조합인 크루키 등 유행하는 제과제빵류 신메뉴를 빠르게 출시하는 편이다. 또 발렌타인데이 로망스 컵케이크, 크리스마스 시즌 홀케이크 등 시즌별로 제품을 구비하고 예약 할인 행사도 한다. 크리스마스즈음이 되면 '너와 나 단 둘이' '외롭지 않은 화이트' '베리 메리 스트로베리' 등 재미난 이름의 케이크가 맞아줄 것이다. 여름에는 시원한 수박 스무디, 흑임자가 들어간 크림 라떼 등 계절별 마실 것도 다양하다. 전국적으로 서울 5곳, 분당 1곳의 지점이 있다.

POINT

크리스마스 케이크 선택에 고민이 된다면

이색 빵 메뉴를 먹어보고 싶다면

REVIEW

☆☆☆☆☆

두바이 초콜릿 디저트

VS

떠먹는 티라미수

Q
인스타그램이나 유튜브에서 본 이색 빵이 있나요?

서대문구 + 연희동

함께 나누고픈 달콤한 한 조각

아워온즈

address	서울 서대문구 연희맛로45
open	10:00~22:00(라스트오더 21:30, 연중무휴)
check	더현대서울점, 용산아이파크몰점, 현대백화점 무역센터점
instagram	@ouronz
menu	케이크류, 소금빵, 휘낭시에

연희동의 '아워온즈'에도 겨울이 되면 맛있는 딸기 케이크가 찾아온다. 이곳 케이크는 크리스마스용으로 추천하곤 한다.

카페에서 조각 케이크로 맛볼 수 있는데, 입에 넣자마자 정말 촉촉한 빵 시트가 느껴진다. 그 위에 올라간 생크림은 우유가 진하게 느껴지며, 딸기 양이 매우 많은 건 아니었지만 빵 시트와 우유 크림만으로도 맛의 풍성함을 충분히 메운다. 평소 촉촉한 빵 시트를 좋아한다면 추천하고 싶다.

이밖에 바스크 치즈 케이크가 유명한데 푸딩처럼 부드럽다. 소금빵은 하루 몇 차례 구워낼 정도로 인기가 많다.

꽤 늦게까지 영업하고, 단독 건물로 2층으로 운영되는 대형 카페이다. 별도의 포토존도 마련되어 있다. 케어키즈존으로 반려동물 입장은 제한된다.

POINT

카페에서 인생샷을 남기고 싶다면
각종 디저트 조각 케이크를 맛보고 싶다면

REVIEW

☆☆☆☆☆

초코생크림빵

VS

우유생크림빵

Q 딸기케이크와 망고케이크 중 골라야 한다면 어떤 것을 선택하겠나요?

마포구 · 연남동

겨울 제철 음식은 슈톨렌이야

코코로카라

address	서울 마포구 연남로1길 41
open	11:00~21:00(연중무휴)
check	더현대서울점 쇼케이스 부스
instagram	@_kokorokara_
menu	브레드 푸딩, 슈톨렌(크리스마스 시즌 한정)

겨울의 제철음식 하면 떠오르는 몇 가지가 있다. 빵 종류에서도 마찬가지이다. 바로 슈톨렌! 크리스마스를 기다리며 하루에 한 조각씩 먹는 슈톨렌의 기원은 독일이지만, 이제는 우리나라에서도 12월이 되면 예약 구매를 하는 이들이 많아졌다. 그래서인지 언제인가부터는 슈톨렌 맛의 쿠키나 마들렌 같은 디저트도 출시되고 있다.

코코로카라에서는 본래 미쯔말차, 바나나, 발로나밀크초콜릿 등 '브레드 푸딩'으로 유명하지만, 크리스마스 시즌이 되면 슈톨렌 느낌의 사블레 쿠키 버킷을 온라인과 오프라인에서 판매한다.

슈톨렌의 꽃은 가운데 쏙 들어가는 페이스트인 마지팬인데 이곳 슈톨렌의 크기가 작은데도 불구하고, 슈톨렌 사블레 안에도 마지팬이 쏙 들어가 있다. 또 마지팬이 슈톨렌의 꽃이라면 슈톨렌을 빛나게 해주는 오렌지필을 비롯한 건과일도 놓칠 수 없다. 대체적으로 슈톨렌의 맛은 건과일이 얼마만큼 들어 있는지에 따라 달라지는 것 같다. 럼에 재워놓았던 건과일을 아낌없이 넣으면 그만큼 슈톨렌 맛도 풍성해지는 듯하다.

슈톨렌 특유의 맛이 수분기 없는 사블레의 질감과도 잘 어울린다. 크리스마스를 함께 기다리는 사람에게 줄 선물로 권하고 싶다.

POINT

브레드 푸딩이 궁금하다면
미니 사이즈로 부담없이 슈톨렌을 즐기고 싶다면

REVIEW

☆☆☆☆☆

호빵
VS
붕어빵

Q 크리스마스 시즌이 되면 찾게 되는 빵이 있나요?

마포구+성산동

시즌에만 볼 수 있어서 더없이 소중한 빵

리치몬드 과자점

address	서울 마포구 월드컵북로86(성산본점)
open	08:00~22:00(화요일 정기휴무)
check	마켓컬리 주문 가능
instagram	@richemont_parisserie
menu	밤파이, 밤식빵, 퀸아망

매년 겨울에는 슈톨렌을 빵집 2~3군데서 구매해서 먹어보는데, 개인적으로는 지금까지 먹었던 슈톨렌 중에서 '리치몬드 과자점"의 슈톨렌이 가장 맛있다. 리치몬드 과자점은 서울 3대 빵집으로 유명한 '원조 빵 맛집'으로 1979년 시작된 제과명장 빵집이다. 현재는 2대째 이어가고 있다.

큼지막한 마지팬이 가운데 쏙 들어간, 정석에 가까운 슈톨렌이 있다. 가운데부터 잘라먹어야 한다고 하는데 리치몬드 과자점의 슈톨렌은 슈톨렌 치고 자르기가 매우 쉬운 편이다. 그만큼 아주 부드러운 편이기 때문이다. 그리고 견과류보다는 건과일이 더 많이 들어있는 느낌인데 건과일과 달달한 마지팬이 잘 어울린다.

빵슐랭

POINT

서울 '원조' 3대 빵집이 궁금하다면

REVIEW

☆ ☆ ☆ ☆ ☆

빵지순례 투어일

20 . .

TIP

알고 먹으면 맛있는 빵 이야기

슈톨렌 Stollen

슈톨렌은 독일 동부 작센의 드레스덴에서 유래한 대표적인 크리스마스 빵으로 독일에서는 크리스마스 한 달 전부터 크리스마스를 기다리면서 슈톨렌을 한 조각씩 잘라 먹는 전통이 있다고 한다. 아기 예수를 감쌌던 담요 모양을 본따 흰색의 타원형 모양을 하고 있다. 소박한 겉모양과는 달리 슈톨렌의 속은 꽤나 알차게 구성되어 있는데 버터가 들어간 반죽에 건포도, 건살구, 오렌지필, 견과류 등을 럼에 1년간 재워놓고 아몬드 가루와 꿀 등으로 만든 마지팬(아몬드, 설탕을 갈아 만든 페이스트, Mazipan)을 반죽으로 감싸 겉에는 슈가파우더를 입힌다. 그래서 꽤나 칼로리는 높다.

슈톨렌은 한 달 동안 먹는 빵답게 보존성이 높다. 2~3개월 동안 상온에 놓고 먹을 수 있는데 특히 만들어 바로 먹는 것보다 숙성시키면 시킬수록 풍미가 깊어진다고 한다. 커피나 와인, 위스키와 함께 먹으면 더욱 깊은 맛을 느낄 수 있다. 슈톨렌의 탄생지인 드레스덴에서는 매년 슈톨렌 축제를 한다고 하는데 독일 여행을 가게 되면 드레스덴에서 크리스마스 시즌을 보내는 것도 좋을 것이다.

Q 시즌에만 먹어서 아쉬웠던 빵이 있나요?

강남구+논현동

행복은 멀리 있지 않아

레자미오네뜨

address	서울 강남구 학동로5길5 1층
open	09:00~20:00(연중무휴)
check	포장만 가능
instagram	@lesamishonnetes_
menu	크붕이, 약과쿠키

한때 엄청 유명했던, 그리고 여전히 맛있는 '크붕이'이다. 크루아상과 붕어빵의 합성어인 '크붕이'는 논현동의 작은 빵집 '레자미오네뜨'가 원조이다. 이런 메뉴를 어떻게 생각하셨을까 정말 궁금할 정도로 맛있고 특별한 빵이다.

크붕이는 크루아상 생지로 만드는 크로플 느낌과 붕어빵의 감성을 동시에 살린 빵이다. 겉은 바삭하고 속은 크루아상처럼 쫀쫀한데, 그 사이에 너무 맛있는 크림이 들어있으니, 다 갖춘 빵이라고 할 수 있다. 딸기, 초코, 얼그레이, 허니밤, 앙버터, 밀키, 바닐라, 약과까지! 맛도 너무 다양해서 고르기가 어려울 수도 있다. 가장 많이 팔린 '딸기 크붕이'는 겉은 바삭하고 속은 쫀쫀한 빵 안에 딸기크림과 딸기가 가득 차 있다.

레자미오네뜨의 또 다른 시그니처 메뉴는 약과쿠키인데, 꾸덕하고 약과 본연의 맛을 잘 살렸다. 느끼한 공장형 약과가 아니라 계피맛도 적당히 나면서 찐득함도 살린 약과쿠키이다. 레자미오네뜨 인스타그램에 따르면 르뱅쿠키를 콘셉트로 잡고, 쿠키 반죽에 약과에 들어가는 집청을 잔뜩 넣어 굽는다고 한다. 그래서 그렇게 찐득한 식감이 나는 것 같다. 참고로 얼려 먹으면 더 맛있다.

빵슐랭

POINT

원조 '크붕이'를 맛보고 싶다면

REVIEW

☆ ☆ ☆ ☆ ☆

빵지순례 투어일

20 . .

붕어빵

추운 겨울이면 생각나는 대표 국민 간식인 붕어빵은 19세기 일본의 도미빵(다이야키)이 우리나라에 전해지면서 탄생했다. 일본에서는 도미가 귀한 생선이였는데, 도미를 빵으로라도 먹기 위해 도미 모양의 빵을 만들었다고 한다. 도미빵이 우리나라에 전해지면서 보다 친숙한 물고기인 붕어를 닮은 빵으로 바뀌었고 이를 '붕어빵'이라고 부르기 시작했다. 그런데 알고보면 일본의 도미빵조차도 유럽의 와플에서 영향을 받아 탄생한 것이다.

요즘에는 같은 붕어빵이라도 맛이 다양하다. 팥이 든 붕어빵을 비롯해 슈크림 붕어빵, 초콜릿 붕어빵, 고구마 붕어빵 등 다양한 맛이 나오면서 인기를 끈다. 하지만 최근에는 붕어빵을 길거리에서 보기 힘들어졌는데 물가가 상승하면서 재료값이 많이 올랐기 때문이다. 밀가루와 설탕을 포함해 무엇보다 팥 가격이 많이 오르면서 붕어빵을 팔아도 남는 이익이 없다고 한다. 게다가 붕어빵은 대부분 포장마차의 형태로 판매되기 때문에 지도에서 검색을 해도 찾을 수가 없다. 오죽하면 붕어빵과 역세권을 합친 '붕세권'이라는 신조어도 생겨났을까. 추위를 이겨내 줄 따끈한 붕어빵, 겨울에는 붕어빵을 찾아서 한입 베어 무는 것도 행복이다.

Q 요즘 뜨는 빵 혹은 유행했던 빵 중에 기억이 남는 빵이 있나요?

이태원의 사랑스러운 브런치 가게 '더베이커스테이블'
정통 독일식 빵과 브런치를 먹을 수 있어요.

대학생 시절 해외 교환학생 친구들의 적응을 돕는
'버디' 동아리를 한 적이 있습니다.
그 시절 독일에서 온 친구와 함께 간 곳인데요,
맛을 본 그 친구가 독일 빵과 비슷하다고 말했던 것이
떠오릅니다. 매일 바뀌는 스프도 맛있고,
파니니 종류도 다양해서 개인적으로도 좋아한답니다.

그 이후로 누군가에게 좋아하는 빵집을 소개하는 것은
제게 언제나 행복한 일이 되었습니다. 빵으로 느끼는 즐거운 경험,
이 책을 읽는 독자 여러분과도 함께 나눌 수 있기를요!

이미지 출처

46쪽 ⓒ 모닐이네하우스, 70~72쪽 ⓒ 포도빵집, 80쪽 ⓒ 조앤도슨, 100쪽 ⓒ 디어모먼트

1년 52주 빵지순례

빵슐랭가이드

초판 1쇄 발행 2024년 8월 1일

지은이 박현영

주간 이동은
책임편집 성스레
편집 김주현
미술 강현희
제작 박장혁 전우석
마케팅 사공성 장기석 한은영

발행처 북커스
발행인 정의선
이사 전수현
출판등록 2018년 5월 16일 제406-2018-000054호
주소 서울시 종로구 평창30길 10
전화 02-394-5981~2(편집) 031-955-6980(마케팅)
팩스 031-955-6988

ISBN 979-11-90118-69-9 (13590)

• 북커스(BOOKERS)는 (주)음악세계의 임프린트입니다.
• 값은 뒤표지에 있습니다.
• 파본이나 잘못된 책은 구입하신 서점에서 교환해 드립니다.